RECHERCHES

SUR LE

MOUVEMENT UNIFORME DES EAUX

DANS LES TUYAUX DE CONDUITE

ET DANS LES CANAUX DÉCOUVERTS

EN AYANT ÉGARD AUX DIFFÉRENCES DE VITESSE DES FILETS

PAR H^TE. SONNET

DOCTEUR ÈS-SCIENCES

(Mémoire approuvé par l'Académie des Sciences)

PARIS

LIBRAIRIE DE L. HACHETTE

RUE PIERRE-SARRAZIN, N° 12

1845

A

MONSIEUR PONCELET

MEMBRE DE L'INSTITUT

HOMMAGE

DE RESPECT ET DE RECONNAISSANCE

H^te. Sonnet

RECHERCHES

SUR

LE MOUVEMENT UNIFORME DES EAUX

DANS LES TUYAUX DE CONDUITE

ET DANS LES CANAUX DÉCOUVERTS,

EN AYANT ÉGARD AUX DIFFÉRENCES DE VITESSE DES FILETS.

---

§ Ier.

1. La question du mouvement des eaux, soit dans les tuyaux de conduite, soit dans les canaux et rivières, est depuis longtemps résolue avec une approximation suffisante pour les besoins de la pratique. C'est en 1804 que M. de Prony, profitant des essais de ses devanciers, et en particulier des expériences de Bossut, de Couplet et de Dubuat, ainsi que d'une loi empirique indiquée par Coulomb, résolut le problème pour le cas du mouvement rectiligne et uniforme. Douze ans après, ses formules furent modifiées par Eytelwein, qui détermina avec plus de précision les constantes qu'elles renferment, en ayant égard à la contraction de la veine fluide à l'entrée des conduites, et en faisant usage, pour les canaux et rivières, d'un plus grand nombre d'expériences. En 1828, M. Poncelet et M. Bélanger traitèrent, chacun de leur côté, la question du mou-

vement permanent varié, et M. Bélanger étendit sa solution au cas des remous. M. de Saint-Guilhem, M. Vauthier et M. Coriolis, le premier en 1834 et tous les trois en 1836, se sont encore occupés du même problème; et aujourd'hui les ingénieurs ont à leur disposition des formules suffisamment exactes pour la plupart des cas qui peuvent se présenter dans les applications.

Mais si la question des eaux courantes est suffisamment éclaircie sous le point de vue de la pratique, elle est loin de l'être au même degré sous le point de vue de la science; car la théorie ordinaire n'a égard qu'à la vitesse moyenne, et, même dans l'hypothèse si simple en apparence d'un mouvement rectiligne et uniforme, on ignore encore suivant quelle loi la vitesse varie d'un filet à un autre.

M. Navier est, à ma connaissance, le seul géomètre qui se soit occupé du problème des eaux courantes dans toute sa généralité : le tome VI des *Mémoires de l'Académie des Sciences* renferme un Mémoire où ce savant analyste a traité la question du mouvement des fluides incompressibles en ayant égard aux forces d'adhérence. Malheureusement il n'a déduit de ses calculs qu'un très-petit nombre de résultats applicables, savoir : une expression monôme de la vitesse moyenne pour un tuyau à section circulaire ou rectangulaire très-petite; et, pour un canal découvert à section rectangulaire, une expression également monôme du rapport $\frac{U}{V}$ entre la vitesse moyenne et la plus grande vitesse. Cette expression assignerait au rapport dont nous parlons les limites 0,4053 et 0,6366, et ne s'accorde pas par conséquent avec les résultats de l'expérience; ce qu'il faut attribuer sans aucun doute aux hypothèses trop restreintes sur lesquelles l'auteur a fondé son analyse.

Il m'a paru qu'en élargissant d'une part ces hypothèses, et en se bornant d'autre part au cas du mouvement rectiligne et uniforme, on pouvait, sans prétendre résoudre la question d'une manière rigoureuse et définitive, arriver du moins à quelques résultats simples, susceptibles d'être contrôlés par l'expérience, et propres à servir de point de départ pour des recherches ultérieures. Tel est l'objet de ce Mémoire.

2. Lorsqu'un fluide tel que l'eau se meut dans une conduite ou dans un canal découvert, on sait que la résistance qu'il éprouve de la part des parois est fonction de sa vitesse et indépendante de la pression, du moins dans les limites ordinaires, c'est ce qui résulte des expériences de Dubuat et de Coulomb. Mais la résistance qu'exerce sur le fluide un élément donné de la paroi est sans doute une fonction immédiate de la vitesse du filet qui parcourt cet élément, et ce n'est que d'une manière implicite qu'elle se trouve dépendre de la vitesse moyenne. Quant à la nature de la fonction dont il s'agit, elle nous est complétement inconnue; et tout ce qu'on peut admettre, c'est qu'elle s'annule avec la vitesse du filet en contact (*), croît avec elle, et ne devient infinie pour aucune valeur finie de cette vitesse. On peut donc supposer que cette fonction soit développable suivant les puissances entières et positives de la vitesse du filet; en sorte que, si ω désigne cette vitesse, la résistance pourra être représentée par une expression de la forme :

$$\varphi(\omega) = A_1\omega + A_2\omega^2 + A_3\omega^3 + \text{etc.} \qquad (1)$$

Quant à l'action mutuelle des filets fluides, elle a été également

(*) Il ne paraît pas en effet qu'on représente mieux les résultats de l'expérience sur le mouvement de l'eau dans les tuyaux et dans les canaux, en introduisant dans l'expression de la résistance un terme constant.

constatée par l'expérience, et en particulier par celle de Venturi sur la communication latérale du mouvement. Elle est de même nature que celle qui s'exerce entre la paroi et un filet en contact, ou plutôt entre ce filet et la couche liquide qui demeure adhérente à la paroi. Cette résistance peut donc être représentée par un développement analogue au précédent, dans lequel ω représenterait non plus la vitesse réelle d'un filet, mais la vitesse *relative* de deux filets considérés.

Or, l'hypothèse qui sert de point de départ à M. Navier, consiste en ce que l'action mutuelle de deux molécules prises, soit toutes deux dans le fluide, soit l'une dans le fluide et l'autre dans la paroi, serait augmentée ou diminuée de quantités proportionnelles à la vitesse avec laquelle ces molécules se rapprochent ou s'éloignent; d'où résulterait, d'après son analyse même, que la résistance de la paroi sur un filet en contact serait proportionnelle à la vitesse de ce filet, ou que l'expression de cette résistance se réduirait au premier terme du développement ci-dessus; hypothèse évidemment trop restreinte.

J'admettrai, pour plus de généralité, que l'action mutuelle des deux molécules varie de quantités proportionnelles, non plus à leur vitesse relative ω, mais à une fonction de cette vitesse, de la forme $\varphi(\omega)$ indiquée ci-dessus.

Je n'ignore pas que l'on pourrait faire à cette hypothèse une partie des reproches adressés à celle de M. Navier. Mais mon but n'étant pas d'*expliquer* ici le phénomène moléculaire de la résistance, mais seulement de le *représenter* par des formules qui s'accordent d'une manière satisfaisante avec les résultats de l'observation, je me suis cru autorisé à suivre la seule voie ouverte jusqu'ici aux recherches, dans une question qui présente des difficultés de plusieurs natures (*).

On va voir qu'en partant de cette hypothèse moins restreinte, l'équation différentielle *indéfinie* du mouvement rectiligne et uniforme, établie par M. Navier, subsistera encore; mais que l'équation *définie* qui se rapporte à la paroi subira une modification essentielle.

3. Pour former ses équations différentielles, M. Navier égale à zéro la somme des moments virtuels des forces accélératrices et de toutes les forces, tant extérieures que moléculaires, qui agissent sur le fluide considéré. Il obtient ainsi trois groupes de termes : dans le premier groupe entrent les forces accélératrices, les forces extérieures et les forces moléculaires qui subsisteraient dans l'état de repos; dans le second groupe figurent les forces provenant du mouvement relatif des molécules fluides entre elles; dans le troisième se placent les forces moléculaires nées du mouvement du fluide par rapport à la paroi.

Je renverrai le lecteur au Mémoire de M. Navier pour tous les

(*) Les équations différentielles dont je ferai usage, peuvent, au reste, être établies d'une manière plus élémentaire, comme on le verra dans un Appendice placé à la fin de ce Mémoire; il suffit pour cela d'adopter une *hypothèse* convenable; car, dans le sujet qui m'occupe, on ne saurait s'en affranchir entièrement. Je m'empresse d'ajouter que les considérations qui m'ont servi dans cet Appendice à soumettre mon hypothèse au calcul, avaient été employées longtemps avant moi, par M. Poncelet, dans une note manuscrite qu'il a bien voulu me communiquer récemment, et où il se proposait de déterminer directement par quelle fonction de la vitesse il faut représenter la loi générale de la résistance pour retrouver l'expression connue de la résistance totale en fonction de la vitesse moyenne.

développements que je suis obligé d'omettre, et en particulier pour ce qui concerne le premier groupe de termes; si l'on égalait séparément à zéro l'ensemble de ceux qui sont multipliés respectivement par δu, δv, δw (u, v, w étant les composantes de la vitesse d'une quelconque des molécules du système), on retomberait sur les équations ordinaires du mouvement des fluides quand on néglige l'adhérence.

Passons au second groupe de termes. Soit ω la vitesse relative de deux molécules fluides, ρ leur distance, et $f(\rho)$ une fonction inconnue, mais qui s'annule dès que ρ acquiert une valeur appréciable. La force mutuelle née du mouvement relatif des deux molécules sera, dans l'hypothèse de M. Navier,

$$\omega f(\rho);$$

dans la nôtre elle sera

$$\varphi(\omega) f(\rho).$$

Mais comme les deux molécules considérées sont infiniment voisines, sans quoi $f(\rho)$ serait nul, et par suite la force mutuelle aussi, ω est infiniment petit. Les termes de $\varphi(\omega)$ qui contiennent des puissances de ω supérieures à la première devront donc être négligés par rapport au premier; et en supposant que le coefficient constant de ce premier terme fasse partie de $f(\rho)$, on aura pour l'expression de la force mutuelle

$$\omega f(\rho),$$

comme dans le Mémoire de M. Navier, sauf la notation. Il en résulte que le groupe des termes dus à l'action mutuelle née du mouvement relatif des molécules fluides subsistera *indépendamment de la fonction* φ.

Et comme les équations différentielles indéfinies sont formées des termes contenus dans les deux premiers groupes que nous venons de considérer, il s'ensuit que ces équations subsisteront elles-mêmes, et *sont indépendantes de toute hypothèse particulière sur la nature de la fonction* φ, pourvu que cette fonction admette un développement analogue à celui que nous lui avons supposé.

4. Mais il n'en est plus de même des équations définies relatives à la paroi.

Pour le faire voir, je vais, en suivant la marche de M. Navier, former directement le troisième groupe de termes. Mais pour ne pas grossir ce Mémoire de développements étrangers à son objet, je me bornerai au cas où les molécules ont des vitesses parallèles.

Prenons l'axe des x dans le sens du courant, l'axe des y horizontal et perpendiculaire au premier, l'axe des z perpendiculaire aux deux autres. Soient x, y, z, les coordonnées d'une molécule M du fluide très-voisine de la paroi. Soient $x+\alpha$, $y+\beta$, $z+\gamma$, les coordonnées d'une autre molécule m du fluide, voisine de la première. Soit u, la vitesse de M, supposée dirigée dans le sens des x positifs. Cette vitesse sera une fonction de y et de z seuls, puisque nous admettons le mouvement par filets parallèles. Quand y et z deviendront $y+\beta$ et $z+\gamma$, la vitesse u deviendra donc :

$$u' = u + \beta \frac{du}{dy} + \gamma \frac{du}{dz},$$

en négligeant les puissances supérieures de β et de γ. Ce sera la vitesse de la molécule m.

Si l'on désigne par ρ la distance des deux molécules à l'instant considéré, et par ρ' la distance de la position de m au bout du temps dt à la position primitive de M, on aura :

$$\rho = \sqrt{\alpha^2 + \beta^2 + \gamma^2},$$

et
$$\rho' = \sqrt{(\alpha + u'dt)^2 + \beta^2 + \gamma^2}.$$

Donc, si ω est la vitesse avec laquelle la molécule m s'éloigne ou se rapproche de la position primitive de M, on aura :

$$\omega = \frac{\rho' - \rho}{dt} = \frac{\rho'^2 - \rho^2}{dt(\rho' + \rho)} = \frac{2\alpha u' + u'^2 dt}{\rho' + \rho},$$

ou simplement
$$\omega = \frac{\alpha u}{\rho},$$

en négligeant les infiniment petits d'un ordre supérieur. Par suite,

$$\varphi(\omega) = A_1 \frac{\alpha u}{\rho} + A_2 \frac{\alpha^2 u^2}{\rho^2} + A_3 \frac{\alpha^3 u^3}{\rho^3} + \text{etc....}$$

ou, pour abréger l'écriture,

$$\varphi(\omega) = \Sigma A_n \frac{\alpha^n u^n}{\rho^n}.$$

La force mutuelle qui s'exerce entre m et la molécule de la paroi située immédiatement près de M dans le prolongement de mM, pourra donc être représentée par :

$$f(\rho) \Sigma A_n \frac{\alpha^n u^n}{\rho^n},$$

ou
$$\Sigma \frac{f(\rho)}{\rho^n} . A_n \alpha^n u^n.$$

Si la vitesse de m augmente de δu, la vitesse ω ou $\frac{\alpha u}{\rho}$ augmentera de $\frac{\alpha \delta u}{\rho}$; par conséquent, le moment virtuel de la force considérée sera :

$$\Sigma \frac{f(\rho)}{\rho^{n+1}} A_n \alpha^{n+1} u^n \delta u.$$

Mais la molécule m s'éloigne ou se rapproche avec la même vitesse de tous les points de la paroi situés dans le prolongement de Mm, on aura donc la somme des moments de toutes les forces qui s'exercent entre m et ces divers points, en intégrant l'expression précédente pour tous les points situés sur la droite mM, depuis $\rho = \rho$ jusqu'à $\rho = \infty$. Et si l'on pose

$$A_n \int_\rho^\infty \frac{f(\rho)d\rho}{\rho^{n+1}} = F_n(\rho),$$

on aura pour la somme dont il s'agit,

$$\Sigma F_n(\rho)\alpha^{n+1}u^n\delta u,$$

chacune des fonctions $F_n(\rho)$ jouissant nécessairement aussi de la propriété de s'annuler dès que ρ acquiert une valeur appréciable.

Il faut maintenant faire la somme de toutes les expressions analogues pour les actions mutuelles dont la direction passe par le point M, c'est-à-dire en faisant varier α, β et γ.

Pour cela, changeons d'abord les β et γ en β' et γ', en prenant le plan tangent à la paroi en M comme plan des $\alpha\beta'$, et comptant les γ' suivant la normale. L'expression ci-dessus ne contenant ni β ni γ restera la même, mais l'intégration pourra s'opérer plus facilement. Pour la simplifier encore, commençons par prendre la somme des valeurs de l'expression ci-dessus pour les quatre points dont les coordonnées α et β' ne diffèrent que par le signe; les termes correspondants aux valeurs paires de n disparaîtront d'eux-mêmes, à cause de l'exposant $n+1$ de α; les autres seront quadruplés, et il viendra :

$$4\Sigma F_n(\rho)\alpha^{n+1}u^n\delta u;$$

expression dans laquelle n n'admettra plus que des valeurs *impaires*.

Posons maintenant :

$$\alpha = \rho \cos \Psi \cos \Psi',$$

en nommant Ψ l'angle que le rayon vecteur ρ, compté à partir de M, fait avec sa projection sur le plan tangent, et Ψ' l'angle de cette projection avec la direction des α, qui est celle du courant. Multiplions par l'élément de volume $\rho^2 \cos \Psi d\rho d\Psi d\Psi'$; et intégrons pour ρ de 0 à ∞, pour Ψ, et pour Ψ' de 0 à $\frac{\pi}{2}$, nous aurons :

$$4\Sigma u^n \delta u \int_0^\infty \mathrm{F}_n(\rho)\rho^{n+3} d\rho \int_0^{\frac{\pi}{2}} \cos^{n+2}\Psi \, d\Psi \int_0^{\frac{\pi}{2}} \cos^{n+1}\Psi' d\Psi'.$$

Or, on trouve que le produit des deux dernières intégrales est $\frac{\pi}{2(n+2)}$; si donc on pose :

$$\mathrm{B}_n = \frac{2\pi}{n+2} \int_0^\infty \mathrm{F}_n(\rho)\rho^{n+3} d\rho,$$

on pourra écrire :

$$\Sigma \mathrm{B}_n u^n \delta u,$$

ou simplement :

$$\Phi(u)\delta u,$$

en désignant par $\Phi(u)$ une fonction *entière* et *impaire* de u.

Il restera enfin à multiplier cette expression par l'élément $d\mathrm{S}$ de la surface de la paroi, et à intégrer pour toute l'étendue de cette surface, ce qui donnera :

$$\Sigma d\mathrm{S}\Phi(u)\delta u.$$

Telle est l'expression qui devra remplacer le dernier groupe de termes dans l'équation qui exprime l'égalité à zéro de la somme des moments virtuels de toutes les forces qui agissent sur le fluide.

5. Le reste du calcul s'effectuera comme dans le mémoire de M. Navier, avec les simplifications qu'entraîne la supposition du

mouvement rectiligne et uniforme. On reconnaîtra que dans l'équation définie relative à la paroi, le terme que l'auteur écrit Eu devra être remplacé par $\Phi(u)$. Cette équation devient ainsi :

$$\Phi(u) + \varepsilon\left(\cos m \frac{du}{dy} + \cos n \frac{du}{dz}\right) = 0,$$

ε étant une constante, et m et n les angles que fait le plan tangent à la paroi au point que l'on considère, avec les plans respectifs des xz et des xy.

Pour l'équation indéfinie, elle se présentera sous la forme :

$$0 = \frac{\rho g \zeta}{\alpha} + \varepsilon\left(\frac{d^2u}{dy^2} + \frac{d^2u}{dz^2}\right),$$

ρ étant ici la masse de l'unité de volume, $\frac{\zeta}{\alpha}$ la pente, s'il s'agit d'un canal, ou la charge s'il s'agit d'un tuyau.

Comme dans ce qui va suivre j'aurai souvent besoin de considérer la section perpendiculaire au courant, je compterai les x suivant la ligne d'eau, les y de haut en bas perpendiculairement à la ligne d'eau dans la section normale au courant, et les z dans le sens du courant; je continuerai à appeler u la vitesse dans le sens du courant. Je remplacerai ρg par son équivalent Π le poids du mètre cube, et $\frac{\zeta}{\alpha}$ par i, la pente ou la charge. Enfin, en raison de certaines notations que j'ai adoptées dans la suite de ce Mémoire, je remplacerai m et n par n et n'. Avec ces changements, les équations ci-dessus prendront la forme :

$$\frac{du^2}{dx^2} + \frac{d^2u}{dy^2} + \frac{\Pi i}{\varepsilon} = 0, \qquad \text{(A)}$$

$$\Phi(u) + \varepsilon\left(\cos n \frac{du}{dx} + \cos n' \frac{du}{dy}\right) = 0. \qquad \text{(B)}$$

Ces deux équations différentielles sont celles dont nous allons faire usage.

§ II.

6. Nous supposerons d'abord la section du courant circulaire. Dans ce cas, on peut admettre que les filets également éloignés du filet central sont animés de la même vitesse, ou que u n'est fonction que de la distance du filet considéré au filet central. Si donc, on prend ce filet central pour axe des z, et qu'on pose :

$$x = \rho \cos \omega \text{ et } y = \rho \sin \omega,$$

ρ et ω étant les coordonnées polaires correspondantes à x et y, les quantités $\frac{du}{d\omega}$, $\frac{d^2u}{d\omega^2}$ seront nulles; et en effectuant le calcul pour le changement de variable indépendante, l'équation indéfinie (A) prendra la forme :

$$\frac{d^2u}{d\rho^2} + \frac{1}{\rho}\frac{du}{d\rho} + \frac{\Pi i}{\varepsilon} = 0. \qquad \text{(C)}$$

Quant à l'équation définie, on remarquera qu'en vertu des propriétés de la tangente au cercle, l'angle n devient égal à ω, et l'angle n' à $90^\circ - \omega$, d'où résultent $\cos n = \cos \omega$ et $\cos n' = \sin \omega$. D'ailleurs on trouve :

$$\frac{du}{dx} = \frac{du}{d\rho} \cos \omega \text{ et } \frac{du}{dy} = \frac{du}{d\rho} \sin \omega;$$

à l'aide de ces valeurs l'équation définie se réduit à :

$$\Phi(u) + \varepsilon \frac{du}{d\rho} = 0. \qquad \text{(D)}$$

7. L'équation indéfinie (C) a pour intégrale complète :

$$u = C - \frac{\Pi i}{4\varepsilon} \rho^2 + C' \log.' (\rho),$$

C et C' étant des constantes arbitraires. Mais, en désignant par V la vitesse du filet central, pour $\rho=0$ on doit avoir $u=V$; et comme cette vitesse est nécessairement finie, il faut que la constante C′ soit nulle, et qu'on ait $C=V$. Par suite, l'équation générale devient :

$$u=V-\frac{\Pi i}{4\varepsilon}\rho^2. \qquad (E)$$

On voit que, *lorsque l'eau se meut uniformément dans un tuyau ou canal rectiligne à section circulaire, le filet central est animé de la plus grande vitesse; et la vitesse des autres filets va en diminuant depuis l'axe du tuyau jusqu'à la paroi, en suivant la même loi que les ordonnées d'une parabole qui aurait pour axe celui du tuyau, et dont la convexité serait tournée dans le sens du courant.*

Appelons W la vitesse des filets en contact avec la paroi, et R le rayon du tuyau, nous aurons :

$$W=V-\frac{\Pi i}{4\varepsilon}R^2. \qquad (F)$$

8. Pour obtenir la vitesse moyenne U, il faut multiplier les deux membres de l'équation (E) par l'élément de section $2\pi\rho d\rho$, intégrer depuis $\rho=0$ jusqu'à $\rho=R$, et diviser ensuite par la section totale πR^2. En effectuant ces calculs, on trouve :

$$U=V-\frac{\Pi i}{8\varepsilon}R^2. \qquad (G)$$

On peut demander quels sont les filets animés d'une vitesse égale à la vitesse moyenne. Pour obtenir leur rayon recteur, il faut poser $u=U$, ou :

$$V-\frac{\Pi i}{4\varepsilon}\rho^2=V-\frac{\Pi i}{8\varepsilon}R^2,$$

d'où $\rho=R\frac{1}{2}\sqrt{2}$ ou $\rho=0{,}707R$ environ.

9. Si l'on multiplie par 2 les deux membres de l'égalité (G), et

qu'on en retranche membre à membre l'égalité précédente (F), on obtient :

$$2U - W = V \quad \text{d'où} \quad U = \tfrac{1}{2}(V + W),$$

c'est-à-dire que *la vitesse moyenne est une moyenne arithmétique entre la vitesse centrale et la vitesse près de la paroi.*

On reconnaît la loi indiquée par Dubuat comme résultant de ses expériences sur les canaux ; elle se trouve en effet à peu près vérifiée pour ceux dont la section est un trapèze, surtout lorsque la profondeur est assez grande pour que cette section se rapproche du demi-cercle.

La vitesse W près de la paroi est nécessairement comprise entre 0 et V ; d'où il suit que la vitesse moyenne U varie entre $\frac{1}{2}$ V et V ; ou que le rapport $\frac{U}{V}$ est compris entre $\frac{1}{2}$ et 1. Sa valeur moyenne serait par conséquent $\frac{3}{4}$ ou 0,75. Mais ce n'est que dans les canaux découverts, à section demi-circulaire, que ce rapport peut descendre jusqu'à cette valeur moyenne ; on verra plus loin que dans les tuyaux il se rapproche beaucoup plus de l'unité.

10. Si la fonction Φ était connue, on pourrait obtenir directement W, et par suite U. L'équation définie (D) devant avoir lieu pour $u = W$ et $\rho = R$, donnerait d'abord :

$$\Phi(W) = \frac{\Pi i R}{2}.$$

(On remarquera que cette équation revient à l'équation ordinaire du mouvement uniforme de l'eau dans les tuyaux ; la fonction Φ(W) représente la résistance de la paroi.)

Ayant tiré W de cette équation, on aurait, en éliminant V entre les équations (F) et (G),

$$U = W + \frac{\Pi i R^2}{8\varepsilon}.$$

Dans ces équations, s'il s'agit d'un tuyau, i sera fonction de U; car, en désignant par H la différence de niveau des réservoirs où s'abouche la conduite, et par L sa longueur, on sait qu'en ayant égard à la contraction qui a lieu à l'orifice d'amont, il faut prendre :

$$i = \frac{H - 1{,}49\frac{U^2}{2g}}{L}.$$

L'équation finale en U serait alors d'un degré d'autant plus élevé, que la fonction Φ renfermerait elle-même plus de termes. Mais dans la pratique on simplifierait le problème par des approximations successives, c'est-à-dire que dans une première approximation on négligerait le terme $1{,}49\,\frac{U^2}{2g}$, et l'on obtiendrait, comme il vient d'être indiqué ci-dessus, une première valeur approchée de U; portant cette valeur dans le terme négligé $1{,}49\,\frac{U^2}{2g}$, et recommençant le calcul, on obtiendrait une seconde valeur de U plus approchée; et ainsi de suite.

11. La fonction $\Phi(W)$ est, comme nous l'avons vu, une fonction entière de W, et de plus une fonction *impaire;* ce qu'il eût été facile de prévoir, puisqu'elle doit évidemment changer de signe avec W. On trouvera à la fin de ce Mémoire un Appendice où j'ai déterminé les coefficients α, β et $\frac{1}{\varepsilon}$ dans l'hypothèse où la fonction $\Phi(W)$ se réduirait à ses deux premiers termes, et serait de la forme $\alpha W + \beta W^3$. Mais comme les hydrauliciens sont dans l'habitude de représenter la résistance du tuyau par l'expression empirique $\alpha U + \beta U^2$, on peut, vu le peu de différence qui existe entre les vitesses des filets dans un même tuyau, employer une fonction de W analogue. Je remplacerai donc $\Phi(W)$ par $\alpha W + \beta W^2$, cette expression pouvant être considérée comme une sorte de formule d'interpola-

tion, qui, dans les limites ordinaires des expériences, serait plus propre à remplacer la fonction inconnue $\Phi(W)$ que ne le serait l'ensemble de ses deux premiers termes $\alpha W+\beta W^2$.

Nous écrirons donc l'équation définie sous la forme :

$$\alpha W+\beta W^2=\frac{\Pi iR}{2}; \qquad (H)$$

et, en y joignant l'équation,

$$U=W+\frac{\Pi iR^2}{8\varepsilon}, \qquad (K)$$

équations dans lesquelles i a la valeur rapportée plus haut, on aura les éléments nécessaires pour résoudre tous les problèmes relatifs au mouvement uniforme de l'eau dans les conduites.

12. Il s'agit maintenant de déterminer les coefficients α, β et ε. Les expériences les plus propres à cette détermination m'ont paru être celles de Couplet, sur les conduites de Versailles, parce qu'elles offraient de grands diamètres, et que d'ailleurs, malgré quelques sinuosités, elles présentaient nécessairement des parties rectilignes assez considérables pour que le mouvement pût y être supposé linéaire et uniforme. Ces conduites se trouvaient, en outre, dans des conditions plus conformes à celles qui se rencontrent dans la pratique.

A l'aide d'un procédé que j'indiquerai tout à l'heure, j'ai trouvé que pour satisfaire aux sept expériences de Couplet, qui ont été choisies par Dubuat, parmi toutes celles du même auteur, comme étant les plus exactes, et qui ont été employées depuis par Prony et par Eytelwein pour la détermination de leurs coefficients, il fallait adopter les valeurs suivantes :

$$\alpha=0{,}019439\ldots; \quad \beta=0{,}37080\ldots; \quad \text{et } \frac{1}{\varepsilon}=3{,}2\ldots$$

Voici, en effet, le tableau comparatif des valeurs de U données par les formules ci-dessus et par l'expérience : la plus grande erreur proportionnelle est 0,0292, quantité inférieure à $\frac{1}{34}$, et de l'ordre, par conséquent, des erreurs qui peuvent être attribuées à l'observation. Pour les mêmes expériences, les formules ordinaires, avec les coefficients d'Eytelwein, donnent des erreurs proportionnelles respectivement égales à :

0,062, 0,087; 0,068, 0,059; 0,056, 0,060, et 0,086;

c'est-à-dire toutes doubles ou triples de celles qui leur correspondent dans le tableau suivant :

NUMÉROS.	VALEURS de $\frac{\Pi i R}{2}$.	VALEURS de W.	VALEURS de $\frac{\Pi i R^2}{8\varepsilon}$.	VALEURS de U calculées.	VALEURS de U observées.	ERREURS absolues.	ERREURS proportionnelles.
2.	0,002238.	0,055780.	0,000121.	0,055901.	0,054430.	+ 0,001471.	+ 0,027..
3.	0,004544.	0,087550.	0,000246.	0,087796.	0,085379.	+ 0,002417.	+ 0,028..
5.	0,006714.	0,110878.	0,000363.	0,111241.	0,111718.	— 0,000477	— 0,004..
6.	0,008449.	0,126995.	0,000457.	0,127452.	0,130098.	— 0,002646.	— 0,020..
7.	0,009618.	0,136961.	0,000521.	0,137482.	0,141116.	— 0,003634.	— 0,025..
8.	0,010019.	0,140241.	0,000542.	0,140783.	0,144093.	— 0,003310.	— 0,0229.
13.	0,400214.	1,013024.	0,078003.	1,091027.	1,060030.	+ 0,030997.	+ 0,0292..

J'ai conservé aux expériences les numéros d'ordre qu'elles ont dans le tableau de M. de Prony, afin qu'on puisse y recourir plus aisément pour avoir les données de ces expériences ; mais j'ai calculé les valeurs de i comme il a été dit plus haut (10).

13. On remarquera que le coefficient $\beta = 0,3708$ diffère très-peu de $\beta = 0,366$, qui a été donné par Eytelwein pour le cas des canaux et rivières, et de $\beta = 0,36$, nombre que M. Poncelet conseille

d'adopter pour les tuyaux et pour les canaux indifféremment, quand la vitesse est un peu considérable. Et quoique la valeur de α soit un peu inférieure à celle qu'a donnée le savant Prussien pour le cas qui nous occupe, il n'en résulterait pas moins que la résistance des conduites expérimentées par Couplet, différait peu de celle du lit d'un canal ou d'une rivière. Ce résultat ne doit pas surprendre si l'on songe à l'état d'imperfection où se trouvaient en général les conduites du temps de Couplet et aux divers dépôts qui recouvrent ordinairement leurs parois après un usage prolongé.

14. La marche que j'ai suivie pour déterminer les valeurs ci-dessus de α, β et $\frac{1}{\varepsilon}$, est la suivante.

J'ai d'abord cherché le système des valeurs propres à satisfaire exactement aux trois expériences (2), (8) et (43), c'est-à-dire aux expériences extrêmes sur la conduite d'un moindre diamètre et à l'expérience relative à la conduite du diamètre le plus grand. Pour y parvenir, remarquant que les valeurs de $\frac{\Pi i R^2}{8}$ sont extrêmement petites pour les expériences (2) et (8), j'ai négligé dans une première approximation le terme que cette quantité affecte, ce qui revenait à prendre $W = U$. J'ai déterminé, à l'aide de l'équation (H), les valeurs de α et de β, propres à satisfaire ainsi à ces deux expériences; puis je me suis servi des valeurs obtenues, et de la même équation (H) pour déterminer la valeur de W relative à l'expérience (43), d'où j'ai pu, au moyen de l'équation (K), déduire une première valeur de $\frac{1}{\varepsilon}$. Cette première valeur de $\frac{1}{\varepsilon}$ m'a servi à recommencer le calcul en ne négligeant plus aucun terme dans les équations relatives aux expériences (2) et (8), ce qui m'a conduit à une seconde valeur plus approchée de $\frac{1}{\varepsilon}$, et ainsi de suite. Par cette méthode d'approximations successives, j'ai pu obtenir les valeurs qui satisfont aux trois expériences citées.

Adoptant alors la valeur $\frac{1}{\varepsilon}=3,2$ ainsi obtenue, j'ai calculé les valeurs de W pour les 7 expériences, au moyen de l'équation (K), et j'ai eu ainsi, pour déterminer définitivement α et β, sept équations de conditions de la forme (H). Pour trouver les valeurs les plus propres à satisfaire à ces 7 conditions, j'ai fait alors usage de la méthode des moindres carrés, c'est-à-dire que j'ai fait en sorte que la somme des carrés des erreurs *proportionnelles* fût un minimum. Si, pour abréger, on représente par m l'une quelconque des valeurs du second membre de l'équation (H), la quantité qu'il s'agissait de rendre un minimum était :

$$\Sigma\left(\frac{m-\alpha W-\beta W^2}{m}\right)^2.$$

Les formules qui déterminent α et β d'après cette condition, sont :

$$\alpha=\frac{\Sigma\frac{W}{m}.\Sigma\frac{W^4}{m^2}-\Sigma\frac{W^2}{m}.\Sigma\frac{W^3}{m^2}}{\Sigma\frac{W^2}{m^2}.\Sigma\frac{W^4}{m^2}-\left(\Sigma\frac{W^3}{m^2}\right)^2},$$

et

$$\beta=\frac{\Sigma\frac{W^2}{m}.\Sigma\frac{W^2}{m^2}-\Sigma\frac{W}{m}.\Sigma\frac{W^3}{m^2}}{\Sigma\frac{W^2}{m^2}.\Sigma\frac{W^4}{m^2}-\left(\Sigma\frac{W^3}{m^2}\right)^2}.$$

15. Les coefficients α et β, ainsi déterminés pour les 7 expériences de Couplet, ne peuvent évidemment convenir pour les 44 expériences de Bossut et de Dubuat, faites sur des tuyaux parfaitement ajustés, entièrement rectilignes et d'un métal poli. Il resterait donc à obtenir les valeurs de ces coefficients pour cette nouvelle série d'expériences; le coefficient $\frac{1}{\varepsilon}$ pouvant être considéré comme le même dans les deux cas, puisqu'il ne dépend que de la résistance

mutuelle des filets fluides et non de celle de la paroi. Mais les valeurs de $\frac{\Pi i R^2}{8\varepsilon}$ pour ces 44 expériences sont si peu considérables, ou en d'autres termes, les valeurs de W diffèrent si peu des valeurs correspondantes de U, que l'on peut sans inconvénient s'en tenir aux coefficients donnés par Eytelwein.

A la vérité les valeurs de W ainsi calculées pour les expériences (9) à (38), étant déjà plus fortes que les valeurs observées pour U, seront encore augmentées par l'addition du terme $\frac{\Pi i R^2}{8\varepsilon}$; mais ce terme ayant, pour cette partie de la série, une valeur presque insensible, le degré d'approximation obtenu pour U sera encore sensiblement le même. Au contraire pour les expériences (39) à (51), les valeurs calculées pour W étant moindres que les valeurs observées pour U, et se trouvant augmentées de quantités $\frac{\Pi i R^2}{8\varepsilon}$ de plus en plus appréciables à mesure qu'on s'avance dans la série, se rapprocheront des résultats de l'observation, et le degré d'approximation augmentera d'une petite quantité.

Du reste, pour ne rien laisser à désirer, j'ai calculé les coefficients pour ces 44 expériences, par la méthode des moindres carrés; j'ai obtenu les valeurs suivantes :

$$\Sigma\frac{W}{m}=260,1201.$$

$$\Sigma\frac{W^2}{m}=130,2102.$$

$$\Sigma\frac{W^2}{m^2}=2693,146.$$

$$\Sigma\frac{W^3}{m^2}=682,09.$$

$$\Sigma\frac{W^4}{m^2}=397,5809.$$

Par suite $\alpha=0,024118....$ et $\beta=0,286128....$

Ces coefficients diffèrent peu, comme on voit, de ceux d'Eytelwein. Ils sont un peu supérieurs, ce qui devait être, puisqu'ils se rapportent aux vitesses W moindres que U.

Toutefois, je dois dire que pour les expériences extrêmes, c'est-à-dire pour les vitesses très-petites ou très-grandes, ils ne donnent point une approximation suffisante, ce qui me paraît être un désavantage inhérent à l'emploi de la méthode des moindres carrés.

16. Si l'on appliquait aux données de l'expérience (43), qui se rapporte à la conduite du plus fort diamètre, les formules (H) et (K), en adoptant les valeurs $\alpha = 0,024$, et $\beta = 0,286$ avec $\frac{1}{\varepsilon} = 3,2$, on trouverait $U = 1^m,2197$, au lieu de $1^m,060$ qu'a donné l'expérience. L'erreur proportionnelle serait donc d'un peu moins de $\frac{1}{6}$ de la valeur observée. Ainsi, l'état d'entretien de la conduite considérée et ses légères sinuosités auraient diminué la vitesse moyenne, et par suite la dépense d'environ $\frac{1}{7}$ de ce qu'elle aurait dû être sans les imperfections de la paroi. Ce résultat n'a rien d'exagéré, puisque aujourd'hui même on voit encore, suivant M. d'Aubuisson, des conduites dont la dépense diminue au bout de quelques années d'un quart et même davantage.

Pour cette même conduite, dont la vitesse moyenne était de $1^m,06003$, nous avons trouvé $W = 1^m,013024$. Il en résulte, en vertu de la relation $U = \frac{1}{2}(V + W)$, que l'on a $V = 1^m,10704$, et par suite $\frac{U}{V} = 0,957$.... Pour des tuyaux d'un moindre diamètre, ce rapport augmente; et pour des diamètres de 1 à 2 pouces, il est sensiblement égal à l'unité.

18. Je terminerai ce que j'avais à dire sur les tuyaux ou canaux à section circulaire, en cherchant la valeur du coefficient par lequel

il faut multiplier la force vive due à la vitesse moyenne pour obtenir la somme des forces vives.

M. Poncelet, dans un Mémoire publié en 1829, sur l'écoulement de l'eau par des orifices, avait démontré que *la somme des forces vives d'un courant fluide surpasse la force vive due à la vitesse moyenne*, c'est-à-dire que la somme des produits qu'on obtient en multipliant la masse de chaque élément fluide par le carré de sa vitesse, surpasse le produit de la somme des masses par le carré de la vitesse moyenne. En sorte que, si l'on veut remplacer la première somme par la seconde, il faut affecter cette dernière d'un coefficient de correction, que l'on désigne habituellement par α, mais que je représenterai ici par μ, afin de ne pas attribuer à α deux significations différentes.

M. Coriolis et M. Vauthier, dans les Mémoires qu'ils ont publiés en 1836, sur la théorie du mouvement permanent, se sont occupés de la détermination de ce coefficient. Le premier de ces auteurs, admettant que la vitesse moyenne diffère peu des $\frac{3}{4}$ de la vitesse la plus grande, et que la vitesse en tous les points de la paroi est la même et égale aux $\frac{7}{16}$ de cette plus grande vitesse, a trouvé pour μ la valeur 1,47 dans le cas où les vitesses décroîtraient dans une même verticale comme les ordonnées d'une ellipse, et 1,16 pour le cas où la loi de décroissement serait celle des ordonnées d'une parabole. M. Vauthier, supposant que la vitesse de fond varie proportionnellement à la vitesse à la surface dans la même verticale, a trouvé $\mu = 1,03$ pour une vitesse moyenne de $1^m,50$, et $\mu = 1,1$ pour une vitesse moyenne de $0^m,25$.

Pour calculer l'expression du coefficient μ dans le cas d'un courant à section circulaire, animé d'un mouvement uniforme, nous aurons d'abord, en vertu de la définition de ce coefficient,

$$\mu . \pi R^2 U^2 = \int_0^R 2\pi\rho d\rho . u^2.$$

Faisons, pour abréger, $\frac{\Pi i}{4\varepsilon} = a$; les équations (E) et (G) pourront s'écrire :

$$u = V - a\rho^2 \quad \text{et} \quad U = V - \tfrac{1}{2} a R^2.$$

Mettons pour u sa valeur dans l'équation ci-dessus, et effectuons l'intégration, nous trouverons :

$$\mu . \pi R^2 U^2 = \pi V^2 R^2 - \pi a V R^4 + \tfrac{1}{3} \pi a^2 R^6,$$

où, en divisant par πR^2,

$$\mu U^2 = V^2 - a V R^2 + \tfrac{1}{3} a^2 R^4,$$

mais on a :

$$U^2 = V^2 - a V R^2 + \tfrac{1}{4} a^2 R^4.$$

Retranchant ces équations membre à membre, il vient :

$$(\mu - 1) U^2 = \tfrac{1}{12} a^2 R^4 = \tfrac{1}{12} \times 4 (V - U)^2 = \tfrac{1}{3} (V - U)^2,$$

d'où

$$\mu = 1 + \tfrac{1}{3} \left(\frac{V}{U} - 1\right)^2. \qquad \text{(L)}$$

On parviendrait évidemment à la même expression s'il s'agissait d'un canal découvert à section demi-circulaire.

On voit que le coefficient μ surpasse l'unité d'une quantité d'autant plus grande, que la vitesse du filet central est plus grande par rapport à la vitesse moyenne.

Nous avons vu que le rapport $\frac{U}{V}$ était compris entre $\frac{1}{2}$ et 1 ; son inverse $\frac{V}{U}$ sera donc compris entre 2 et 1. La première de ces valeurs donnerait $\mu = 1 + \frac{1}{3}$ ou $\mu = 1{,}333....$ mais elle suppose $W = 0$.

La seconde donne $\mu=1$, mais elle suppose $U=V$. La moyenne de ces deux valeurs serait $\mu=1,166....$

Si, pour un canal découvert, on suppose $\frac{U}{V}=\frac{3}{4}$, d'où $\frac{V}{U}=\frac{4}{3}$, on obtient $\mu=1+\frac{1}{27}$ ou $\mu=1,037$.

Dans l'expérience (43) de Couplet, on a vu qu'on avait $\frac{U}{V}=0,957....$; il en résulte $\frac{V}{U}=1,0443....$; et par suite $\mu=1,000654$. Pour des tuyaux d'un plus petit diamètre, ce coefficient se rapprocherait généralement encore plus de l'unité.

19. Lorsqu'il s'agira d'un canal découvert à section demi-circulaire, on ne pourra pas employer pour α et β les valeurs adoptées par Eytelwein, pour les canaux et rivières, puisque ces coefficients se rapportent à la vitesse moyenne et non à la vitesse près des parois. Il faudrait des expériences spéciales pour déterminer ces coefficients sous le dernier point de vue. A défaut de ces expériences, on pourra poser comme à l'ordinaire :

$$\alpha U+\beta U^2=\frac{\Pi i R}{2}.$$

On aura ensuite :

$$V=U+\frac{\Pi i R^2}{8\varepsilon},$$

d'où l'on déduira $\frac{U}{V}$, et par suite μ.

Le rapport $\frac{V}{U}$ peut s'exprimer d'une manière très-simple au moyen des relations précédentes. La seconde donne en effet :

$$\frac{V}{U}=1+\frac{\Pi i R^2}{8\varepsilon U};$$

Remplaçant U dans le second membre par sa valeur tirée de la première équation, on trouve :

$$\frac{V}{U}=1+\frac{2\beta\Pi i R^2}{8\varepsilon(-\alpha+\sqrt{\alpha^2+2\beta\Pi i R})}=1+\frac{R(\alpha+\sqrt{\alpha^2+2\beta\Pi i R})}{8\varepsilon}.$$

On voit que ce rapport augmente avec la pente i, mais surtout avec le rayon R.

A l'aide de cette valeur de $\frac{V}{U}$, celle de μ pourra s'écrire :

$$\mu=1+\tfrac{1}{3}\left[\frac{\alpha+\sqrt{\alpha^2+2\beta\Pi i R}}{8\varepsilon}\right]^2 . R^2.$$

Pour de grandes valeurs du rayon cette expression croîtrait à peu près proportionnellement au cube de R.

§ III.

20. Je passe au cas d'un canal à section rectangulaire. Mais je supposerai d'abord que les parois latérales n'exercent aucune résistance sur le fluide. Quoique ce soit là une hypothèse purement rationnelle, je crois utile de la considérer pour mieux faire apprécier l'influence des parois.

Soit h la profondeur du courant dans le sens des y, soit l sa demi-largeur, plaçons l'origine au milieu de la ligne d'eau.

L'équation indéfinie :

$$\frac{d^2u}{dx^2}+\frac{d^2u}{dy^2}+\frac{\Pi i}{\varepsilon}=0,$$

a pour intégrale complète :

$$u=a+bx+cy+px^2+qy^2+rxy+\Sigma A e^{mx}\cos my+\Sigma B e^{-mx}\cos my$$
$$+\Sigma C e^{mx}\sin my+\Sigma D e^{-mx}\sin my,$$

équation dans laquelle on doit avoir $\quad p+q=-\frac{\Pi i}{2\varepsilon}.$

On en tire :

$$\frac{du}{dx}=b+2px+ry+\Sigma Ame^{mx}\cos my-\Sigma Bme^{-mx}\cos my$$
$$+\Sigma Cme^{mx}\sin my-\Sigma Dme^{-mx}\sin my.$$

$$\frac{du}{dy}=c+2qy+rx-\Sigma Ame^{mx}\sin my-\Sigma Bme^{-mx}\sin my$$
$$+\Sigma Cme^{mx}\cos my+\Sigma Dme^{-mx}\cos my.$$

Dans le cas d'un canal découvert, on a pour la surface libre :

$$\Phi(u)=0,$$

si l'on néglige la résistance de l'air. On a de plus, pour cette même surface, $n=90°$ et $n'=0$. L'équation indéfinie :

$$\Phi(u)+\varepsilon\left(\cos n\frac{du}{dx}+\cos n'\frac{du}{dy}\right)=0,$$

se réduit donc à :

$$\varepsilon\frac{du}{dy}=0 \quad \text{ou} \quad \frac{du}{dy}=0,$$

équation qui doit avoir lieu pour $y=0$, quel que soit x. Ceci exige qu'on ait à la fois :

$$c=0,\ r=0,\ C=0,\ D=0.$$

L'origine étant placée au milieu de la ligne d'eau, la valeur de u ne doit pas changer quand on change x en $-x$; ce qui exige qu'on ait : $b=0$ et $A=B$.

Ces diverses conditions réduisent les équations précédentes à :

$$\left.\begin{aligned} u&=a+px^2+qy^2+\Sigma A(e^{mx}+e^{-mx})\cos my\\ \frac{du}{dx}&=2px\quad+\quad\Sigma Am(e^{mx}-e^{-mx})\cos my\\ \frac{du}{dy}&=2qy\quad-\quad\Sigma Am(e^{mx}+e^{-mx})\sin my\end{aligned}\right\}\qquad(M)$$

formules auxquelles nous aurons bientôt recours.

Pour la paroi inférieure, on a $n=90°$, $n'=0$; et l'on doit avoir pour $y=h$ et quel que soit x,

$$\Phi(u)+\varepsilon\frac{du}{dy}=0,$$

u étant alors la vitesse de fond.

Pour les parois verticales, on a au contraire $n'=90°$ et $n=0$ ou $180°$, suivant qu'il s'agit de la paroi située du côté des x positifs ou des x négatifs, comme il est facile de s'en assurer en considérant le périmètre rectangulaire de la section comme la limite d'un trapèze symétrique. On doit donc avoir pour $x=\pm l$, et quel que soit y,

$$\Phi(u)\pm\varepsilon\frac{du}{dx}=0,$$

u étant la vitesse près de la paroi verticale.

Mais si cette paroi verticale n'exerce aucune résistance sur le fluide, la fonction $\Phi(u)$ qui exprime cette résistance, doit être supprimée dans cette dernière équation; et il reste :

$$\varepsilon\frac{du}{dx}=0 \quad \text{ou} \quad \frac{du}{dx}=0,$$

équation qui doit être satisfaite pour $x=\pm l$, quel que soit y. On doit donc avoir identiquement :

$$0=2pl+\Sigma \mathrm{A}m(e^{ml}-e^{-ml})\cos my,$$

ce qui ne peut avoir lieu qu'autant qu'on aura séparément :

$$p=0 \quad \text{et} \quad \mathrm{A}=0.$$

L'expression générale de u se réduit alors à :

$$u=a+qy^2,$$

c'est-à-dire que la vitesse n'est plus fonction que de la profondeur, ce qu'on pouvait prévoir.

Mais si V désigne la vitesse d'un filet supérieur, on doit avoir $u = V$ pour $y = 0$, ce qui suppose $a = V$. Remarquons, en outre, que, puisqu'on a $p + q = -\frac{\Pi i}{2\varepsilon}$ et $p = 0$, il en résulte $q = -\frac{\Pi i}{2\varepsilon}$. L'expression de u devient donc enfin :

$$u = V - \frac{\Pi i}{2\varepsilon} y^2. \qquad \text{(N)}$$

On voit que, *dans le cas d'un canal rectangulaire dont les parois latérales n'exerceraient aucune résistance sur le fluide, la vitesse serait la même pour toutes les molécules situées à une même distance de la surface; et cette vitesse diminuerait, depuis la surface jusqu'au fond, comme les ordonnées d'une parabole, ayant pour axe un filet supérieur, son plan vertical et sa convexité tournée dans le sens du courant.*

21. Soit W la vitesse de fond, on aura :

$$W = V - \frac{\Pi i}{2\varepsilon} h^2. \qquad \text{(O)}$$

22. Pour obtenir la vitesse moyenne U, il faut multiplier les deux membres de l'équation (N) par l'élément de surface $2l dy$, intégrer depuis $y = o$ jusqu'à $y = h$, et diviser ensuite par la surface totale $2lh$. En effectuant ce calcul, on obtient :

$$U = V - \tfrac{1}{3} \cdot \frac{\Pi i}{2\varepsilon} h^2. \qquad \text{(P)}$$

On peut demander quelle est la couche animée de la vitesse moyenne; pour l'obtenir, on devra poser $u = U$, ou :

$$V - \frac{\Pi i}{2\varepsilon} y^2 = V - \tfrac{1}{3} \frac{\Pi i}{2\varepsilon} h^2, \quad \text{d'où} \quad y = \frac{h}{\sqrt{3}} \text{ ou } y = 0{,}577\, h \text{ environ}.$$

23. Si l'on multiplie par 3 les deux membres de l'équation (P), et qu'on en retranche membre à membre l'équation (O), on trouve :

$$3U - W = 2V \quad \text{d'où} \quad U = \tfrac{1}{3}(2V + W),$$

c'est-à-dire que, *dans un courant à section rectangulaire, dont les parois latérales n'exerceraient aucune résistance sur le fluide, la vitesse moyenne serait la moyenne arithmétique entre trois quantités, dont deux seraient égales à la vitesse à la surface, et la troisième à la vitesse de fond.*

La vitesse de fond W est nécessairement comprise entre 0 et V; il en résulte que la vitesse moyenne U varie entre $\frac{2}{3}$V et V, ou que le rapport $\frac{U}{V}$ entre la vitesse moyenne et la vitesse à la surface, est compris entre $\frac{2}{3}$ et l'unité. La valeur moyenne de ce rapport serait donc $\frac{5}{6}$ ou 0,833....

24. Dans l'équation définie :

$$\Phi(u)+\varepsilon\frac{du}{dy}=0,$$

qui doit avoir lieu pour le fond, remplaçons u par W, et mettons pour $\frac{du}{dy}$ sa valeur tirée de (N), dans laquelle nous ferons $y=h$, nous aurons :

$$\Phi(W)=\frac{\Pi ih}{2}.$$

En admettant que la fonction Φ(W) puisse être remplacée par une fonction de la forme $\alpha W+\beta W^2$, on aurait :

$$\alpha W+\beta W^2=\frac{\Pi ih}{2};$$

et, en éliminant V entre (O) et (P), on obtient :

$$U=W+\tfrac{2}{3}.\frac{\Pi ih^2}{2\varepsilon}.$$

Ces deux relations, si α et β étaient déterminés, résoudraient complétement le problème qui nous occupe. On peut remarquer que la première de ces relations revient à l'équation ordinaire du mouvement uniforme.

25. Calculons encore, pour le même courant, la valeur du coefficient μ. Nous aurons d'après sa définition :

$$\mu . U^2 . 2lh = \int_0^h u^2 . 2l dy.$$

Mettant pour u sa valeur en y, posant pour abréger $\frac{\Pi i}{2\varepsilon} = a$, et effectuant l'intégration, on trouve :

$$\mu . U^2 . 2lh = V^2 . 2lh - \tfrac{2}{3} aV . 2lh^3 + \tfrac{1}{5} a^2 . 2lh^5,$$

ou, en divisant par $2lh$,

$$\mu U^2 = V^2 - \tfrac{2}{3} aVh^2 + \tfrac{1}{5} a^2h^4,$$

mais on a, d'après l'équation (P),

$$U^2 = V^2 - \tfrac{2}{3} aVh^2 + \tfrac{1}{9} a^2h^4.$$

Retranchant ces égalités membre à membre, on obtient :

$$(\mu - 1)U^2 = \tfrac{4}{45} a^2h^4 = \tfrac{4}{45} . 9(V - U)^2,$$

d'où :

$$\mu = 1 + \tfrac{4}{5}\left(\frac{V}{U} - 1\right)^2. \qquad \text{(Q)}$$

La valeur de $\frac{U}{V}$ étant comprise entre $\frac{2}{3}$ et 1, celle de $\frac{V}{U}$ est comprise entre $\frac{3}{2}$ et 1. La première hypothèse donne $\mu = 1 + \frac{1}{5}$ ou $\mu = 1,2$, mais elle suppose $W = 0$. La seconde hypothèse donne $\mu = 1$, mais elle suppose $U = V$. La moyenne entre ces valeurs serait $\mu = 1,1$.

Si l'on admet pour $\frac{U}{V}$ sa valeur moyenne $\frac{5}{6}$, on obtient $\mu = 1 + \frac{4}{125}$ ou $\mu = 1,032$.

Ainsi, la valeur de μ correspondante à la valeur moyenne de $\frac{U}{V}$, serait à peu près la même, soit pour le courant dont nous nous occupons, soit pour un courant à section circulaire (18).

§ IV.

26. Revenons maintenant à une supposition plus réelle, et admettons que les parois latérales exercent sur le fluide une résistance de même nature que celle du fond.

Dans ce cas on devra, comme nous l'avons vu (20), avoir pour $x = \pm l$, et quel que soit y,

$$\Phi(u) \pm \varepsilon \frac{du}{dx} = 0;$$

et, pour $y = h$, et quel que soit x,

$$\Phi(u) + \varepsilon \frac{du}{dy} = 0.$$

Ces équations ne sont point linéaires; mais comme dans les cas les plus fréquents où les vitesses seront peu considérables, la vitesse près des parois variera entre des limites peu éloignées, on pourra, entre ces limites de vitesse, remplacer approximativement la fonction $\Phi(u)$ par une fonction linéaire de la forme $a'u + b'$, ce qui revient à remplacer un arc d'une faible courbure par une ligne droite.

Cette substitution peut s'opérer de plusieurs manières.

27. On peut d'abord faire passer la droite entre la corde de l'arc considéré et la tangente qui lui est parallèle, et à égale distance de chacune d'elles. De cette manière, les plus grandes erreurs absolues en plus ou en moins seront égales. Mais il sera préférable de déter-

miner a' et b' de façon que ce soient les plus grandes erreurs *proportionnelles* en plus ou en moins qui soient égales, comme M. Poncelet l'enseigne dans une note de son *Cours lithographié de l'École de Metz* (section 3, page 103).

28. On obtient encore facilement des formules générales pour déterminer a' et b', en faisant ici une application de la méthode des moindres carrés. Supposons, par exemple, que la fonction qu'il s'agit de remplacer par une fonction linéaire, soit $\alpha u+\beta u^2$.

Soit e, l'erreur commise en remplaçant $\alpha u+\beta u^2$ par $a'u+b'$, on aura :

$$\Sigma e^2=\Sigma[\beta u^2+(\alpha-a')u-b']^2,$$

la somme Σ s'étendant à toutes les valeurs que peut prendre u entre les limites données, que nous nommerons w_0 et W. Pour que cette somme soit un minimum, on trouvera qu'on doit avoir :

$$\beta\Sigma u^3+(\alpha-a')\Sigma u^2-b'\Sigma u=0 \quad \text{et} \quad \beta\Sigma u^2+(\alpha-a')\Sigma u-nb'=0,$$

n désignant le nombre des valeurs que prend u entre w_0 et W. Ces équations donnent :

$$a'=\alpha+\frac{\frac{1}{n}\Sigma u^3-\frac{1}{n}\Sigma u\,.\,\frac{1}{n}\Sigma u^2}{\frac{1}{n}\Sigma u^2-\left(\frac{1}{n}\Sigma u\right)^2}\beta, \quad \text{et} \quad b'=\frac{\left(\frac{1}{n}\Sigma u^2\right)^2-\frac{1}{n}\Sigma u\,.\,\frac{1}{n}\Sigma u^3}{\frac{1}{n}\Sigma u^2-\left(\frac{1}{n}\Sigma u\right)^2}\beta.$$

Il s'agit donc de se procurer les moyennes $\frac{1}{n}\Sigma u$, $\frac{1}{n}\Sigma u^2$, $\frac{1}{n}\Sigma u^3$, en supposant n infini, et en prenant pour limites w_0 et W. Mais, pour n infini, ces quantités ne sont autre chose que les ordonnées moyennes des lignes qui auraient pour abscisse u et pour ordonnées u, u^2, u^3, c'est-à-dire qu'elles sont la même chose que l'ordonnée par laquelle il faudrait multiplier la différence $W-w_0$ des abscisses extrêmes pour obtenir l'aire de chacune de ces lignes. Ces quantités ont donc respectivement pour valeur :

$$\frac{\int_{w_0}^{W} u du}{W - w_0}, \quad \frac{\int_{w_0}^{W} u^2 du}{W - w_0}, \quad \frac{\int_{w_0}^{W} u^3 du}{W - w_0},$$

ou $\frac{1}{2}(W + w_0)$, $\frac{1}{3}(W^2 + W w_0 + w_0^2)$, $\frac{1}{4}(W^3 + W^2 w_0 + W w_0^2 + w_0^3)$.

Substituant ces valeurs dans les expressions de a' et de b', on trouve :

$$a' = \alpha + (W + w_0)\beta, \quad \text{et} \quad b' = -\frac{1}{6}(W^2 + 4 W w_0 + w_0^2)\beta.$$

29. Les plus grandes erreurs en moins ont lieu pour les valeurs extrêmes w_0 et W ; on trouve qu'elles sont toutes deux égales à :

$$-\frac{1}{6}(W - w_0)^2\beta.$$

La plus grande erreur en plus a lieu pour la valeur de u moyenne entre les deux extrêmes, c'est-à-dire pour $u = \frac{1}{2}(W + w_0)$. On la trouve égale à

$$+\frac{1}{12}(W - w_0)^2\beta.$$

Les valeurs w_0 et W ne sont pas ordinairement connues d'avance ; mais on peut toujours concevoir que l'on ait remplacé $\Phi(u)$ par une fonction linéaire pour celle des deux parois où auront lieu les plus grandes différences de vitesse, fonction qui pourra dès lors convenir également pour l'autre paroi, attendu que la limite w_0 est commune. Cette hypothèse permettra d'obtenir, du moins approximativement, la forme de la valeur générale de u.

30. Soient donc :

$$a'u + b' + \varepsilon \frac{du}{dx} = 0,$$

l'équation définie qui doit être satisfaite quel que soit y, pour $x=+l$;

$$a'u+b'-\varepsilon\frac{du}{dx}=0,$$

celle qui doit être satisfaite quel que soit x, pour $y=-l$;

$$a'u+b'+\varepsilon\frac{du}{dy}=0,$$

celle qui doit être satisfaite quel que soit x, pour $y=h$.

Si dans ces équations on met pour u, $\frac{du}{dx}$, $\frac{du}{dy}$, leurs valeurs (M) du n° 20, et qu'on remplace x par $+l$ dans la première, x par $-l$ dans la seconde, et y par h dans la troisième, on aura :

$$a'a+a'pl^2+a'qy^2+\Sigma a'A\,(e^{ml}+e^{-ml})\cos my+b'+2\varepsilon pl$$
$$+\Sigma A\varepsilon m\,(e^{ml}-e^{-ml})\cos my=0,$$

$$a'a+a'pl^2+a'qy^2+\Sigma a'A\,(e^{-ml}+e^{ml})\cos my+b'+2\varepsilon pl$$
$$-\Sigma A\varepsilon m\,(e^{-ml}-e^{ml})\cos my=0,$$

$$a'a+a'px^2+a'qh^2+\Sigma a'A\,(e^{mx}+e^{-mx})\cos mh+b'+2\varepsilon qh$$
$$-\Sigma A\varepsilon m\,(e^{mx}+e^{-mx})\sin mh=0.$$

Pour satisfaire à la dernière condition quel que soit x, il faut poser séparément :

$$a'a+a'qh^2+b'+2\varepsilon qh=0, \qquad (1)$$

$$p=0, \qquad (2)$$

et

$$a'\cos mh-\varepsilon m\sin mh=0.$$

Cette dernière équation peut se mettre sous la forme :

$$mh\,\mathrm{tang}\,mh=\frac{a'h}{\varepsilon}, \qquad (3)$$

et donnera pour m une infinité de valeurs qui serviront à former les différents termes de la série qui doit représenter u.

Faisant dans les deux premières conditions $p=0$, ce qui suppose $q=-\frac{\Pi i}{2\varepsilon}$; posant pour abréger :

$$M=a'(e^{ml}+e^{-ml})+\varepsilon m(e^{ml}-e^{-ml});$$

et ayant égard à la relation (1), ces conditions pourront se mettre toutes les deux sous la forme :

$$\Sigma MA\cos my=\frac{a'\Pi i}{2\varepsilon}y^2-\frac{a'\Pi ih^2}{2\varepsilon}-\Pi ih,$$

relation qui servira à déterminer la valeur de A correspondante à chaque valeur de m.

Pour cela, on multiplie ses deux membres par $\cos m'y\,dy$, m' étant une quelconque des valeurs de m fournies par l'équation (3), et l'on intègre entre 0 et h. Tous les termes du premier membre s'évanouissent à ces limites, excepté celui pour lequel on a $m'=m$. Celui-ci se réduit à $\frac{0}{0}$, mais a pour valeur :

$$\frac{\sin 2mh+2mh}{4m}.$$

On obtient ainsi :

$$AM=\frac{4m}{\sin 2mh+2mh}\int_0^h\left[\frac{a'\Pi i}{2\varepsilon}y^2-\frac{a'\Pi i}{2\varepsilon}h^2-\Pi ih\right]\cos my\,dy,$$

ou, en effectuant l'intégration, et ayant égard à l'équation (3),

$$AM=-\frac{4a'\Pi i}{\varepsilon}\cdot\frac{\sin mh}{m^2(2mh+\sin 2mh)},$$

d'où :

$$A=-\frac{4a'\Pi ih^2}{\varepsilon}\cdot\frac{\sin mh}{m^2h^2(2mh+\sin 2mh)\left[a'(e^{ml}+e^{-ml})+\varepsilon m(e^{ml}-e^{-ml})\right]}.$$

31. A l'aide de cette valeur et de l'équation (3) on formerait tous les termes de la série qui figure dans la valeur générale de u. Mais je vais démontrer que l'on pourra s'arrêter au premier terme de la série.

En effet, la valeur de ce premier terme peut être mise sous la forme :

$$-\frac{4\Pi i h^2}{\varepsilon}\cdot\frac{1}{m^2h^2(2mh+\sin 2mh)}\cdot\frac{(e^{mx}+e^{-mx})\operatorname{tang} mh.\sin mh.\cos my.}{[(e^{ml}+e^{-ml})\operatorname{tang} mh+(e^{ml}-e^{-ml})]},$$

en divisant haut et bas par εm, et remarquant que $\frac{a'}{\varepsilon m}=\operatorname{tang} mh$.

Le dernier facteur de cette expression est évidemment moindre que l'unité, et décroît lorsque m augmente. Considérons le second facteur.

Si le second membre de l'équation (3), savoir $\frac{a'h}{\varepsilon}$, était très-grand, la plus petite valeur de mh tirée de cette équation différerait peu de $\frac{\pi}{2}$, et les suivantes de $\frac{3\pi}{2}$, $\frac{5\pi}{2}$, etc. La valeur du facteur dont il s'agit serait donc environ 27 fois moindre pour la seconde valeur de mh que pour la première; car sin $2mh$ sera une quantité très-voisine de zéro. Le second terme de la série serait donc moindre que la 27e partie du premier.

Si $\frac{a'h}{\varepsilon}$ était au contraire très-petit, la plus petite valeur de mh serait elle-même très-petite; et en la désignant par m_0h, les suivantes différèraient peu de $m_0h+\pi$, $m_0h+2\pi$, etc.; quantités très-grandes par rapport à m_0h. Il en résulte que le second terme de la série serait extrêmement petit par rapport au premier.

Si m_0h a une valeur intermédiaire entre 0 et $\frac{\pi}{2}$, par exemple $\frac{\pi}{4}$, on trouvera que la valeur suivante surpasse $4{,}25\,\frac{\pi}{4}$; et que par conséquent le second terme de la série est moindre que la 76e partie du premier.

Mais le cas de $\frac{a'h}{\varepsilon}$ très-grand doit être écarté comme incompatible avec les hypothèses qui nous ont permis de remplacer $\Phi(u)$ par $a'u+b'$; et alors le troisième facteur diminue rapidement d'un terme à l'autre de la série, à cause de l'influence prépondérante que prend l'exponentielle libre au dénominateur de ce troisième facteur. Dans les limites des hypothèses dont nous parlons, on pourra donc toujours s'arrêter au premier terme, et écrire :

$$u=a-\frac{\Pi i}{2\varepsilon}y^2-\frac{4\Pi ih^2}{\varepsilon}\cdot\frac{\sin mh.\ \mathrm{tang}\, mh(e^{mx}+e^{-mx})\cos my}{m^2h^2(2mh+\sin 2mh)[(e^{ml}+e^{-ml})\,\mathrm{tang}\, mh+(e^{ml}-e^{-ml})]} \quad \text{(R)},$$

la constante a ayant la valeur indiquée par la relation (1), savoir :

$$a=\frac{\Pi ih^2}{2\varepsilon}+\frac{\Pi ih}{a'}-\frac{b'}{a'},$$

et m la plus petite des valeurs fournies par l'équation (3).

Pour abréger, nous écrirons :

$$u=a-\frac{\Pi i}{2\varepsilon}y^2-\mathrm{A}'(e^{mx}+e^{-mx})\cos my. \qquad \text{(S)}$$

A$'$ désignant la valeur absolue du coefficient A.

32. On voit que les vitesses, dans une même verticale, décroissent de la surface au fond, comme les ordonnées d'une courbe qui différera d'autant plus d'une parabole qu'on se rapprochera davantage des parois latérales, mais qui tendra d'autant plus à se confondre avec une parabole que l'arc mh sera plus petit, puisque alors $\cos my$ variera fort peu. C'est ce qui arrivera quand $\frac{a'h}{\varepsilon}$ sera petit, soit parce que la profondeur h sera peu considérable, soit parce que les vitesses, et par suite a', seront faibles.

Quant aux vitesses à une même profondeur, elles sont représentées par les ordonnées d'une chaînette qui tourne sa convexité dans le sens du courant.

Ces résultats sont, *en général*, confirmés par l'expérience. Je dis en général, car on sent que dans une pareille matière on ne peut s'attendre à des vérifications mathématiques. D'une part, l'uniformité complète du mouvement, telle que la suppose cette théorie, ne se trouve presque jamais réalisée, même dans des canaux artificiels, dont la longueur est toujours bornée, et, à plus forte raison, dans des canaux et rivières dont les parois sont loin d'être des surfaces rigoureusement planes. En second lieu, malgré toute l'habileté des observateurs, l'imperfection des instruments employés à mesurer les vitesses, et qui presque tous ont le défaut capital d'altérer la vitesse au point même où l'on veut la mesurer, laissent trop d'incertitude sur les résultats pour qu'on puisse y avoir une entière confiance.

On sait que M. Defontaine, à l'occasion de ses travaux sur le Rhin, a fait quatre séries d'expériences sur les vitesses, dans un lieu où la section du fleuve s'éloigne peu d'un rectangle de $1^{m},50$ de profondeur, et d'environ 30^{m} de largeur. Les vitesses dans chaque verticale sont assez bien représentées par des paraboles; mais il faut convenir qu'elles le seraient à peu près aussi bien par d'autres courbes analogues. M. Raucourt, dans ses observations sur la Néva, a cru pouvoir représenter par des ellipses la loi des vitesses, soit dans une même verticale, soit à une même profondeur. Longtemps avant ces observateurs, Brünings avait fait sur divers bras du Rhin dix-huit séries d'expériences, desquelles Woltmann a conclu que la loi de décroissement des vitesses dans une même verticale pouvait être représentée par une parabole. Mais, comme l'observe M. Navier dans son rapport sur le travail de M. Raucourt, que je viens de citer, on pourrait, à cause du peu d'amplitude de ces courbes, en employer également d'autres *mieux appropriées* à la nature du phénomène.

C'est ainsi que parmi les conséquences des observations faites par M. Raucourt, sur la Néva, dans l'été de 1826, il en est une qu'il serait difficile d'expliquer en admettant pour la courbe des vitesses dans une même verticale une ellipse ou une parabole : c'est qu'à partir de la surface la courbe descendait d'abord presque verticalement jusqu'à près de la moitié de la profondeur du courant. Cette circonstance s'expliquerait au contraire assez bien par une équation analogue à l'équation (S). En effet, dans cette équation, pour une même valeur de x les deux derniers termes varient en sens contraire quand y augmente ; il peut donc se faire que pour certaines valeurs de h, et c'est probablement le cas des observations faites sur la Néva, il s'établisse une sorte de compensation entre ces deux derniers termes, de façon que le terme $-\frac{\Pi i}{2\varepsilon}y^2$ ne devienne prépondérant qu'à une certaine profondeur.

33. Pour déduire de l'équation (S), l'expression de la vitesse moyenne U, il faut multiplier les deux membres de cette équation par l'élément de section $dxdy$, intégrer pour x de $-l$ à $+l$, et pour y de 0 à h, puis diviser par la section $2lh$. On trouve ainsi :

$$U = a - \frac{1}{3}\frac{\Pi i}{2\varepsilon}h^2 - \frac{A'}{m^2hl}(e^{ml} - e^{-ml})\sin mh.$$

En se reportant aux valeurs de a et de A', on reconnaît que la vitesse moyenne U est, toutes choses égales d'ailleurs, à peu près proportionnelle à la pente i du canal. C'est aussi ce qu'indique la formule ordinaire :

$$\alpha U + \beta U^2 = \Pi i \frac{\Omega}{\chi},$$

lorsque la vitesse U est petite; car alors on peut négliger le terme βU^2, et il reste :

$$U = \frac{\Pi i \Omega}{\chi \alpha}.$$

On verrait, en mettant pour A' sa valeur et en divisant haut et bas par e^{ml}, que lorsque l est très-grand la valeur de U tend à se réduire à :

$$U = a - \tfrac{1}{3} \frac{\Pi i}{2\varepsilon} h^2 = \tfrac{2}{3} \cdot \frac{\Pi i h^2}{2\varepsilon} + \frac{\Pi i h}{a'} - \frac{b'}{a'};$$

et à devenir par conséquent indépendante de la largeur.

34. Les courbes qui, d'après l'équation (S), représentent la loi des vitesses, soit pour une même valeur de x, soit pour une même valeur de y, ont *en général* assez d'analogie avec des paraboles pour qu'il soit permis, *dans les cas ordinaires*, de représenter approximativement la loi générale des vitesses par une équation de la forme :

$$u = V - px^2 - qy^2. \qquad (T)$$

On trouve, en effet, que les observations de M. Defontaine peuvent être assez bien représentées par l'équation :

$$u = 1^m,266 - 0,00109 \,.\, x^2 - 0,25247 \,.\, y^2.$$

Les deux premiers coefficients ont été obtenus en satisfaisant aux moyennes des observations faites à la surface; savoir, à la moyenne de celles qui se rapportent aux deux rives et à la moyenne de celles qui ont été faites vers le tiers et les deux tiers de la largeur du courant. Le troisième coefficient a été déterminé de manière que la moyenne de toutes les erreurs relatives aux vitesses observées au-dessous de la surface fût égale à zéro.

Voici le tableau comparatif des valeurs calculées et observées :

A ENVIRON 15m DU MILIEU.				A ENVIRON 5m DU MILIEU.			
y.	u CALCULÉ.	MOYENNE de u observée.	ERREUR proportionnelle.	y.	u CALCULÉ.	MOYENNE de u observée.	ERREUR proportionnelle.
0.	1,0148.	1,0148.	0.	0.	1,2386.	1,2386.	0.
0,1.	1,0123.	0,9827.	+ 0,030.	0,1.	1,2361.	1,2197.	+ 0,014.
0,2.	1,0047.	0,9626.	+ 0,043.	0,2.	1,2285.	....	....
0,3.	0,9921.	0,9527.	+ 0,041.	0,3.	1,2159.	1,1739.	+ 0,035.
0,4.	0,9744.	0,9156.	+ 0,064.	0,4.	1,1982.	....	....
0,5.	0,9517.	0,9245.	+ 0,029.	0,5.	1,1755.	1,1701.	+ 0,004.
0,6.	0,9239.	0,8790.	+ 0,051.	0,6.	1,1477.	....	....
0,7.	0,8911.	0,8551.	+ 0,042.	0,7.	1,1149.	1,1466.	— 0,027.
0,8.	0,8532.	0,8385.	+ 0,017.	0,8.	1,0770.	....	....
0,9.	0,8103.	....	....	0,9.	1,0341.	1,1096.	— 0,068.
1,0.	0,7623.	0,7826.	— 0,026.	1,0.	0,9861.	1,0812.	— 0,087.
1,1.	0,7083.	0,6839.	+ 0,035.	1,1.	0,9331.	0,9985.	— 0,065.
1,2.	0,6513.	0,5815.	+ 0,120.	1,2.	0,8750.	....	....
1,3.	0,5881.	0,4808.	+ 0,223.	1,3.	0,8119.	....	....
1,4.	0,5200.	....	....	1,4.	0,7438.	0,7758.	— 0,041.
1,5.	0,4467.	....	....	1,5.	0,6705.	0,6944.	— 0,034.

Les quatre premières colonnes se rapportent aux vitesses près des berges; les quatre autres aux vitesses à 5m environ du milieu du courant. La première colonne de chaque groupe indique les profondeurs; la seconde donne les vitesses calculées; la troisième donne la moyenne des vitesses observées à chaque profondeur, et de chaque côté du milieu du courant. Cette moyenne résulte de quatre observations en général, deux de chaque côté du plan de symétrie; quelquefois cependant c'est la moyenne de deux observations seulement, faites soit des deux côtés, soit d'un même côté du plan de symétrie. La quatrième colonne donne les erreurs proportionnelles.

Il y a en général, comme on voit, un accord satisfaisant entre le calcul et la moyenne des observations, si ce n'est pour les vitesses de fond près des rives. Mais il faut remarquer qu'en ces points le fond se relève de $0^m,2$ sur l'une des rives et de $0^m,3$ sur l'autre, ce qui tend à rendre la vitesse moindre vers ces deux points qu'elle ne l'eût été si le fond se fût trouvé parfaitement plane. Au surplus, je rappelle ici les réflexions que j'ai faites à l'article 32; et si j'ai présenté le tableau ci-dessus, c'est uniquement pour faire entrevoir la possibilité de représenter *approximativement* la loi des vitesses dans un courant à section rectangulaire par une équation telle que :

$$u = V - px^2 - qy^2.$$

35. L'approximation fournie par cette équation sera beaucoup plus grande lorsque les dimensions du canal seront très-petites. Car on pourra alors, dans le développement des fonctions $e^{mx} + e^{-mx}$ et $\cos my$, négliger les quatrièmes puissances des variables; en sorte que l'équation (S) du n° 31 se réduira à :

$$u = a - \frac{\Pi i}{2\varepsilon} y^2 - 2A' + 2A' \frac{m^2 y^2}{1 \cdot 2} - 2A' \frac{m^2 x^2}{1 \cdot 2},$$

ou

$$u = V - A' m^2 x^2 - \left(\frac{\Pi i}{2\varepsilon} - A' m^2\right) y^2, \qquad \text{(U)}$$

en appelant V la vitesse du filet principal.

On peut encore poser, pour abréger,

$$u=V-px^2-qy^2,$$

en se rappelant qu'on doit avoir :

$$p+q=\frac{\Pi i}{2\varepsilon}.$$

Soit W la vitesse de fond au milieu du courant, W' la vitesse à la surface près de la paroi, w_0 la vitesse au point d'intersection des deux parois, on aura :

$$W=V-qh^2; \quad W'=V-pl^2; \quad w_0=V-pl^2-qh^2.$$

Il résulte de ces valeurs qu'on a :

$$V+w_0=W+W'.$$

36. On trouvera pour la vitesse moyenne :

$$U=V-\tfrac{1}{3}pl^2-\tfrac{1}{3}qh^2. \qquad (V)$$

Si l'on multiplie les deux membres de cette équation par 3, et qu'on en retranche membre à membre w_0 et sa valeur, il viendra :

$$3U-w_0=2V \quad \text{d'où} \quad U=\tfrac{1}{3}(2V+w_0),$$

c'est-à-dire que *la vitesse moyenne est une moyenne arithmétique entre trois quantités, dont deux seraient égales à la vitesse du filet principal, et la troisième à celle du filet placé à l'intersection des parois.*

La vitesse w_0 étant comprise entre 0 et V, la valeur de U est comprise entre $\frac{2}{3}$ V et V; c'est-à-dire que le rapport $\frac{U}{V}$ est compris entre $\frac{2}{3}$ et 1. Sa valeur moyenne serait $\frac{5}{6}$ ou 0,833....

Dans les expériences de Dubuat, sur des canaux artificiels à section rectangulaire, ce rapport $\frac{U}{V}$ s'éloigne peu en effet de 0,8 en plus ou en moins; et l'on sait que 0,816 est la valeur moyenne indiquée par M. de Prony.

On peut encore présenter la vitesse moyenne sous la forme :

$$U = \frac{1}{3}(V + W + W'),$$

c'est-à-dire que *la vitesse moyenne est encore égale à la moyenne arithmétique entre la vitesse du filet principal, la vitesse de fond au milieu du courant et la vitesse à la surface près de la paroi.*

37. Pour obtenir la vitesse moyenne d'une même verticale, il faut multiplier les deux membres de l'équation :

$$u = V - px^2 - qy^2,$$

par dy, intégrer de 0 à h, en regardant x comme constant, et diviser ensuite par h. On obtient ainsi :

$$U' = V - px^2 - \frac{1}{3}qh^2.$$

Si l'on veut connaître quel est, dans une même verticale, le point où la vitesse est précisément égale à la vitesse moyenne de cette verticale, il faudra poser $u = U'$ ou :

$$V - px^2 - qy^2 = V - px^2 - \frac{1}{3}qh^2 \quad \text{d'où} \quad y = \frac{h}{\sqrt{3}},$$

ou $y = 0{,}577\,h$, comme dans le cas où les parois latérales étaient supposées n'exercer aucune résistance sur le fluide.

M. Defontaine, dans ses expériences, a toujours trouvé que ce point était situé vers les $\frac{3}{5}$ de la profondeur, c'est-à-dire que l'observation lui donnait *à peu près* $y = 0{,}6\,h$, valeur très-peu différente de $0{,}577\,h$.

38. On a vu que quand la section du courant est un cercle, les

molécules qui, dans une même section sont animées de la même vitesse, sont situées sur une circonférence concentrique au périmètre. Quand la section est un rectangle et que les parois latérales sont supposées n'exercer aucune résistance sur le fluide, les molécules animees de la même vitesse sont situées sur une horizontale parallèle à la ligne d'eau. Dans le cas présent, où l'on a égard à la résistance des parois latérales, on peut demander sur quelle courbe se trouvent les molécules animées de la même vitesse.

On aura évidemment l'équation de la courbe demandée en regardant u comme constant dans l'expression générale de la vitesse.

Dans le cas où il faudrait faire usage de l'équation (S), les courbes d'égale vitesse auraient pour équation :

$$\frac{\Pi i}{2\varepsilon} y^2 + A'(e^{mx} + e^{-mx}) \cos my = a - u,$$

et, pour les molécules animées de la vitesse moyenne, on aurait :

$$\frac{\Pi i}{2\varepsilon} y^2 + A'(e^{mx} + e^{-mx}) \cos my = \frac{4}{3} \frac{\Pi i}{2\varepsilon} h^2 + \frac{A'}{m^2hl} (e^{ml} - e^{-ml}) \sin mh.$$

Prolongées au delà de la paroi verticale, quelques-unes de ces courbes reviendraient un peu sur elles-mêmes pour rejoindre ensuite le prolongement de la ligne d'eau perpendiculairement après une légère inflexion. Mais l'inflexion tend à s'effacer de plus en plus à mesure que les dimensions de la courbe diminuent, et disparaît complétement dès que $a - u$ a atteint une certaine limite.

Si les dimensions de la section sont assez petites pour qu'on puisse faire usage de l'équation (T), la courbe demandée aura pour équation :

$$px^2 + qy^2 = V - u.$$

Ce sera donc une ellipse dont les axes sont dirigés suivant la ligne d'eau et suivant la perpendiculaire élevée au milieu de cette ligne. Ces axes sont entre eux dans le rapport de $\sqrt{q}$ à $\sqrt{p}$.

Ainsi, dans un même courant, toutes les ellipses analogues seront semblables et semblablement placées. Leur centre de similitude sera le milieu de la ligne d'eau.

Si l'on veut connaître en particulier l'ellipse sur laquelle se trouvent les molécules animées de la vitesse moyenne U, on remplacera u par la valeur de U, ce qui donnera :

$$px^2+qy^2=\tfrac{1}{3}pl^2+\tfrac{1}{3}qh^2.$$

On reconnaît que cette équation est satisfaite, *quels que soient* p et q, par les valeurs :

$$x=\pm\frac{l}{\sqrt{3}} \quad \text{et} \quad y=\frac{h}{\sqrt{3}}.$$

Ainsi, *de part et d'autre du plan vertical de symétrie du courant, il existe un point où la vitesse est toujours égale à la vitesse moyenne, quelles que soient la pente du canal et la résistance de son lit, pourvu que les dimensions* h *et* l *de la section restent les mêmes.*

Ce point est situé sur la droite qui va du milieu de la ligne d'eau au point d'intersection des parois, et aux 0,577 environ de la longueur de cette droite, à partir du filet principal.

39. Calculons la valeur du coefficient μ. D'après sa définition, on aura :

$$\mu U^2 2lh=\int_{-l}^{+l}\int_0^h u^2 dx\,dy.$$

Mettant pour u sa valeur, et effectuant l'intégration, on obtient :

$$\mu U^2 2lh=2V^2lh-\tfrac{4}{3}pVl^3h+\tfrac{2}{5}p^2l^5h-\tfrac{4}{3}qVlh^3+\tfrac{4}{9}pql^3h^3+\tfrac{2}{5}q^2lh^5,$$

ou $$\mu U^2=V^2-\tfrac{2}{3}pVl^2+\tfrac{1}{5}p^2l^4-\tfrac{2}{3}qVh^2+\tfrac{2}{9}pql^2h^2+\tfrac{1}{5}q^2h^4.$$

Mais on a $\qquad U^2 = V^2 - \frac{2}{3}pVl^2 + \frac{1}{9}p^2l^4 - \frac{2}{3}qVh^2 + \frac{2}{9}pql^2h^2 + \frac{1}{9}q^2h^4.$

Retranchant ces égalités membre à membre, il vient :

$$(\mu - 1)U^2 = \tfrac{4}{45}(p^2l^4 + q^2h^4).$$

Or, on a $\qquad pl^2 + qh^2 = 3(V - U),$

d'où $\qquad p^2l^4 + q^2h^4 = 9(V - U)^2 - 2pql^2h^2.$

On a aussi $\qquad pl^2 = V - W' \quad$ et $\quad qh^2 = V - W.$

Substituant ces valeurs, il vient donc :

$$(\mu - 1)U^2 = \tfrac{4}{5}(V - U)^2 - \tfrac{8}{45}(V - W)(V - W')$$

d'où $\qquad \mu = 1 + \frac{4}{5}\left(\frac{V}{U} - 1\right)^2 - \frac{8}{45}\left(\frac{V - W}{U}\right)\left(\frac{V - W'}{U}\right).$

Le dernier terme étant essentiellement négatif, on voit que la valeur de μ est moindre que dans le cas où les parois latérales n'exerceraient aucune résistance sur le fluide.

40. Si l'on applique cette formule à l'équation :

$$u = 1^m,266 - 0,00109 . x^2 - 0,25247 . y^2,$$

qui nous a servi à représenter la loi des vitesses dans une section du Rhin, on trouvera :

$$V = 1^m,266; \quad U = 0^m,993\ (*); \quad W = 0^m,698; \quad W' = 1^m,015.$$

$$\frac{U}{V} = 0,7843; \quad \frac{V}{U} = 1,2749;$$

et par suite $\qquad \mu = 1,0347.$

(*) Cette valeur de U est d'un 6e environ plus forte que celle qui a été calculée par M. Defontaine; cela ne doit pas étonner; pour calculer U, cet ingénieur ayant

41. Lorsque la figure de la section du courant sera un demi-carré, c'est-à-dire lorsque l'on aura $l=h$, on pourra admettre qu'on a aussi $p=q$, et par suite $W'=W$. Dans ce cas, la valeur de μ pourra s'écrire :

$$\mu=1+\tfrac{4}{5}\left(\frac{V}{U}-1\right)^2-\tfrac{8}{45}\left(\frac{V-W}{U}\right)^2.$$

Cette valeur est comprise entre 1 et 1,1. En effet, on verra facilement que de $l=h$ et $p=q$, résulte :

$$W=\tfrac{1}{2}(V+w_0);$$

d'ailleurs on a

$$U=\tfrac{1}{3}(2V+w_0).$$

Si l'on supposait à w_0 sa plus grande valeur, qui serait V, on aurait $W=U=V$; et par suite $\mu=1$. Si l'on supposait à w_0 sa plus petite valeur, qui serait zéro, on aurait $W=\frac{1}{2}V$, $U=\frac{2}{3}V$, et par suite $\mu=1,1$.

La valeur moyenne de ce coefficient serait donc, dans ce cas :

$$\mu=1,05.$$

Les mêmes résultats seraient évidemment applicables à un tuyau de section carrée.

---

divisé la section en 3 parties par les verticales sur lesquelles ont été faites les observations de vitesse, obtenait la dépense pour chacune de ces 3 parties en la subdivisant en tranches horizontales de $0^m,2$ d'épaisseur, et supposait à cet effet la vitesse égale dans une même tranche à la moyenne des vitesses extrêmes de cette tranche. Cette méthode est assez approchée pour les deux parties extrêmes de la section; mais dans la partie intermédiaire, les vitesses d'une même tranche devaient être notablement supérieures à la moyenne des vitesses extrêmes. Par conséquent, la dépense et par suite la vitesse moyenne U obtenue en définitive, sont trop faibles; comme on pourrait d'ailleurs s'en assurer par une méthode graphique et indépendamment de toute théorie.

42. Dans tout ce qui concerne les canaux à section rectangulaire, nous ne nous sommes occupés principalement que de la *forme* des valeurs de u et de U. La solution reste incomplète en ce qui concerne la détermination absolue des vitesses, et notamment de la vitesse moyenne, d'après des données *à priori*; et il faut pour cette dernière valeur s'en tenir à la détermination ordinaire.

Il est regrettable qu'on ne puisse déduire de l'expérience la loi suivant laquelle la vitesse près des parois est liée avec la pente et avec les dimensions du canal. Malheureusement, les vitesses près des parois sont précisément celles dont l'observation présente le plus de difficultés. Dubuat, lui-même, dans ses expériences sur des canaux artificiels, n'a donné qu'un très-petit nombre de vitesses de fond, en faisant remarquer qu'elles variaient dans une même expérience d'un quart et même d'un tiers suivant la nature des boules qu'il employait à ce genre d'observation. Il est donc à craindre que de longtemps encore l'expérience ne fournisse les données nécessaires à la solution complète du problème.

J'ai cherché à représenter par le calcul les sept expériences de Dubuat sur les canaux artificiels à section rectangulaire, pour lesquelles il a donné la valeur de la vitesse de fond. Pour cela, admettant que la fonction $\Phi(u)$ pouvait être prise égale à $\alpha u + \beta u^2$, j'ai fait une hypothèse sur α et β; j'en ai déduit successivement les valeurs des quantités a', b', a, m, A', qui entrent dans la formule (U) du n° 35; et j'ai pu obtenir ainsi les valeurs de V, U et W. Ces valeurs calculées, comparées aux valeurs observées, m'ont donné des erreurs proportionnelles s'élevant à $\frac{1}{8}$ et même $\frac{1}{4}$. Il aurait fallu varier les hypothèses sur α et β, et peut-être même sur la forme de la fonction Φ; mais la longueur des calculs m'a empêché de poursuivre une vérification qui n'eût d'ailleurs pas été peut-être aussi concluante qu'on le pense. En effet, dans les expériences de la nature de celles dont il s'agit, on sait que le mouvement du fluide arrive promptement à un état voisin de l'uniformité; mais le canal mis en expérience a une longueur nécessairement trop bornée pour que l'uniformité réelle s'établisse. Dans l'état de mouvement qu'on observe, les vitesses des filets varient sans doute avec lenteur; mais la valeur absolue de ces vitesses peut différer encore notablement de ce qu'elle serait si le mouvement pouvait être rigoureusement uniforme comme la théorie le suppose.

§ V.

43. Les difficultés que l'on rencontre dans le cas où la section a la forme simple du rectangle, font pressentir celles que l'on aurait à vaincre dans le cas d'une section quelconque, si l'on abordait par les mêmes moyens le problème dans sa généralité. Mais afin de ne pas passer entièrement sous silence le cas le plus étendu de la question que je traite, je ferai encore quelques remarques qui ne seront pas, je l'espère, sans utilité.

L'intégrale générale de l'équation :

$$\frac{d^2u}{dx^2}+\frac{d^2u}{dy^2}+\frac{\Pi i}{\varepsilon}=0,$$

peut être présentée sous la forme :

$$u=a+bx+cy+px^2+qy^2+rxy+\varphi(x+y\sqrt{-1})+\psi(x-y\sqrt{-1}), \quad \text{(X)}$$

φ et ψ désignant deux fonctions arbitraires.

Nous avons vu que pour la surface libre on doit avoir :

$$\frac{du}{dy}=0,$$

quelle que soit x (20). Or, on tire de (X) :

$$\frac{du}{dy}=c+2qy+rx+\sqrt{-1}\,\varphi'(x+y\sqrt{-1})-\sqrt{-1}\,\psi'(x-y\sqrt{-1}).$$

Pour $y=0$, cette valeur se réduit à :

$$\left(\frac{du}{dy}\right)_0=c+rx+\sqrt{-1}\,\varphi'(x)-\sqrt{-1}\,\psi'(x).$$

Pour que cette valeur soit nulle quelle que soit x, il faut qu'on ait séparément :

$$c=0, \quad r=0 \quad \text{et} \quad \varphi'(x)=\psi'(x).$$

Cette dernière égalité donne, en intégrant,

$$\varphi(x)=\psi(x)+\text{const.};$$

en sorte, qu'en faisant entrer la constante dans a, l'équation (X) pourra s'écrire :

$$u=a+bx+px^2+qy^2+\varphi(x+y\sqrt{-1})+\varphi(x-y\sqrt{-1}). \quad \text{(Y)}$$

Au lieu d'employer une ou plusieurs équations définies et d'emprunter à l'expérience la loi qui lie la résistance aux vitesses qui ont lieu près des parois, on peut démander directement à l'observation, et dans chaque cas particulier, la loi même des vitesses, dans une verticale donnée ou à une profondeur donnée, ou, mieux encore, sur la ligne d'eau, par exemple. Cette méthode est sans doute moins générale, et ne s'appliquerait point aux canaux à établir; mais lorsqu'il s'agira d'un fleuve ou d'un canal déjà existant, elle fournira un moyen de jaugeage dont l'exactitude se mesurera d'après celle avec laquelle on aura déterminé la loi des vitesses à la surface.

Soit donc
$$u = F(x),$$
l'équation empirique qui représentera la loi observée; on aura, en faisant $y=0$ dans (Y),
$$F(x) = a + bx + px^2 + 2\varphi(x),$$
d'où
$$\varphi(x) = \tfrac{1}{2}[F(x) - a - bx - px^2].$$

Par suite, l'équation (Y) deviendra :
$$u = a + bx + px^2 + qy^2 + \tfrac{1}{2}[F(x+y\sqrt{-1}) - a - b(x+y\sqrt{-1}) - p(x+y\sqrt{-1})^2]$$
$$+ \tfrac{1}{2}[F(x-y\sqrt{-1}) - a - b(x-y\sqrt{-1}) - p(x-y\sqrt{-1})^2],$$
ou, en réduisant, et remarquant qu'on doit avoir (20),
$$p + q = -\frac{\Pi i}{2\varepsilon},$$
$$u = \tfrac{1}{2}F(x+y\sqrt{-1}) + \tfrac{1}{2}F(x-y\sqrt{-1}) - \frac{\Pi i}{2\varepsilon}y^2. \qquad \text{(Z)}$$

Ayant ensuite déterminé la figure de la section par les moyens ordinaires, on pourra calculer la vitesse moyenne, et par suite la dépense.

44. Si, par exemple, la loi des vitesses sur la ligne d'eau peut être représentée par une parabole dont l'axe serait situé à la surface et parallèlement au courant, mais dont le sommet n'occuperait pas le milieu de la ligne d'eau, on aura, en prenant l'origine près de l'une des berges,
$$F(x) = a + bx - cx^2,$$

(je prends le coefficient de x^2 négatif pour que les vitesses décroissent en s'approchant des rives; comme l'observation prouve que cela a lieu en général).

La valeur de u deviendra, après réductions :

$$u = a + bx - cx^2 - \left(\frac{\Pi i}{2\varepsilon} - c\right) y^2;$$

et la loi des vitesses dans une même verticale sera représentée par une parabole.

Si le lit du courant présente un haut fond, en sorte qu'il se forme à la surface deux maxima de vitesse séparés par un minimum; la loi des vitesses sur la ligne d'eau ne pourra être représentée approximativement que par une courbe du quatrième degré au moins.

Supposons que l'on satisfasse à la loi observée, en posant :

$$F(x) = a + bx - cx^2 + dx^3 - ex^4,$$

on trouvera :

$$u = a + bx - cx^2 - \left(\frac{\Pi i}{2\varepsilon} - c\right) y^2 + dx^3 - 3dxy^2 - ex^4 + 6ex^2y^2 - ey^4;$$

et la loi des vitesses dans une même verticale sera représentée par une courbe du quatrième degré, dans l'équation de laquelle y n'entre qu'à des puissances paires.

45. On verrait de la même manière que si l'on connaissait la loi des vitesses dans une verticale déterminée, et que :

$$u = F(y),$$

représentât cette loi; la valeur générale de u serait, en prenant pour origine le sommet de cette verticale :

$$u = \tfrac{1}{2} F(y + x\sqrt{-1}) + \tfrac{1}{2} F(y - x\sqrt{-1}) - \frac{\Pi i}{2\varepsilon} x^2. \qquad (A')$$

Si, par exemple, la section du courant est un trapèze symétrique, dont l et L soient les demi-bases inférieure et supérieure, et h la hauteur que nous supposerons peu considérable par rapport aux bases, en plaçant l'origine au milieu de la ligne d'eau, on pourra représenter la loi des vitesses dans la verticale du filet principal, par l'équation :

$$u = V - qy^2,$$

puisque l'observation montre que, dans ce cas, la courbe qui représente les vitesses dans une même verticale, diffère peu d'une parabole.

Par suite, la valeur générale de u sera :

$$u = V - \left(\frac{\Pi i}{2\varepsilon} - q\right) x^2 - qy^2, \qquad (B')$$

ou, pour abréger, $u = V - px^2 - qy^2$.

En faisant le calcul de la vitesse moyenne, on trouvera :

$$U = V - \tfrac{1}{6} p (L^2 + l^2) - \tfrac{1}{6} qh^2 \left[1 - \frac{2l}{L + l}\right]. \qquad (C')$$

Pour $L = l$, auquel cas le trapèze devient un rectangle, on retombe, comme cela devait être, sur la valeur trouvée plus haut (36).

$$U = V - \tfrac{1}{3} pl^2 - \tfrac{1}{3} qh^2.$$

On reconnaîtra, comme plus haut (38), que les courbes sur lesquelles se trouvent les molécules animées d'une même vitesse, sont des ellipses semblables, ayant leur grand axe suivant la ligne d'eau et leur centre au milieu de cette ligne; et que les filets dont les coordonnées x et y ont pour valeurs :

$$x = \pm \sqrt{\frac{L^2 + l^2}{6}} \quad \text{et} \quad y = h \sqrt{\frac{L + 3l}{6(L + l)}},$$

possèdent toujours la vitesse moyenne, quels que soient p et q, c'est-à-dire quelles que soient la pente et la résistance du lit, pourvu que les dimensions L, l et h de la section restent les mêmes.

46. Mais l'emploi de l'équation (Y) me paraît devoir être préféré en général, parce qu'à difficulté égale dans l'observation des vitesses, comme le courant présente ordinairement une largeur plus grande que sa profondeur, on aura plus de facilité à déterminer la fonction F, et par suite l'expression générale de la vitesse.

APPENDICE.

I. *Moyen élémentaire d'établir les équations différentielles* A *et* B *du n° 5.*

Divisons le courant en éléments prismatiques dont les dimensions soient dx, dy et l. Soit u la vitesse de celui de ces éléments qui correspond aux coordonnées x et y. Soit i la pente du canal, Π le poids du mètre cube du liquide considéré.

Soit dp le poids de l'élément, sa composante dans le sens du courant sera idp. Soit Φ, la force par unité de superficie exercée par toute la masse fluide sur la face ldy; la résultante de cette force et de celle qui s'exerce sur la face opposée sera l'accroissement que prend Φ quand x devient $x+dx$; ce sera donc $ldy.\frac{d\Phi}{dx}dx$. Soit Ψ la force par unité de superficie exercée par la masse fluide sur la face ldx; la résultante de cette force et de celle qui s'exercera sur la face opposée sera de même $ldx.\frac{d\Psi}{dy}dy$.

Pour l'uniformité du mouvement, ces trois forces devront se faire équilibre, et l'on aura :

$$idp+l.\frac{d\Phi}{dx}dxdy+l\frac{d\Psi}{dy}dydx=0.$$

Les trois termes du premier membre seront nécessairement des infiniment petits de même ordre. Or, on a :

$$dp=\Pi ldxdy,$$

d'où

$$idp=i\Pi ldxdy.$$

Quant à la force Φ, elle est évidemment une fonction de la vitesse relative $\frac{du}{dx}dx$. L'hypothèse la plus simple que l'on pourrait faire serait de supposer Φ proportionnel à cette vitesse relative, et de poser

$$\Phi = ldy\varepsilon\frac{du}{dx}dx,$$

ε étant une constante. Mais on aurait alors :

$$\frac{d\Phi}{dx}dx = ldy\varepsilon\frac{d^2u}{d^2x}dx;$$

en sorte que cette force serait infiniment petite par rapport à idp ou $i\Pi ldxdy$, ce qui est inadmissible. Je supposerai Φ simplement proportionnel à la dérivée partielle $\frac{du}{dx}$, et je poserai en conséquence

$$\Phi = ldy.\varepsilon\frac{du}{dx},$$

d'où

$$\frac{d\Phi}{dx}dx = \varepsilon l\frac{d^2u}{dx^2}dxdy.$$

Je supposerai de même Ψ proportionnel à la dérivée partielle $\frac{du}{dy}$, et je poserai

$$\frac{d\Psi}{dy}dy = \varepsilon l\frac{d^2u}{dy^2}dydx.$$

L'équation d'équilibre deviendra ainsi :

$$i\Pi ldxdy + \varepsilon l\frac{d^2u}{dx^2}dxdy + \varepsilon l\frac{d^2u}{dy^2}dydx = 0,$$

ou

$$\frac{d^2u}{dx^2} + \frac{d^2u}{dy^2} + \frac{i\Pi}{\varepsilon} = 0,$$

c'est l'équation indéfinie (A) du n° 5.

Pour l'élément situé près de la paroi, on aura à considérer quatre forces : 1° la composante de son poids dans le sens du courant, ou $\frac{1}{2}\Pi i l dx dy$;

2° la force exercée par le fluide sur la face ldy, savoir $ldy.\varepsilon\frac{du}{dx}$;

3° la force exercée par le fluide sur la face ldx, savoir $ldx.\varepsilon\frac{du}{dy}$;

4° la résistance exercée par la paroi; si l'on représente par $\Phi(u)$ sa valeur par unité de superficie, on aura pour l'élément de contact lds $\quad lds\Phi(u)$,

ds désignant l'élément du périmètre mouillé.

La première de ces quatre forces étant infiniment petite par rapport aux trois autres, on aura simplement pour l'équilibre du filet considéré :

$$\varepsilon l\frac{du}{dx}dy+\varepsilon l\frac{du}{dy}dx+lds\Phi(u)=0,$$

ou en divisant par lds, et remplaçant $\frac{dy}{ds}$ par $\cos n$ et $\frac{dx}{ds}$ par $\cos n'$,

$$\Phi(u)+\varepsilon\left[\cos n\frac{du}{dx}+\cos n'\frac{du}{dy}\right]=0,$$

c'est l'équation définie (B) du n° 5.

II. *Détermination des coefficients* α , β *et* $\frac{1}{\varepsilon}$ *relatifs aux tuyaux, dans le cas où la résistance serait exprimée par une fonction de la forme* $\alpha W+\beta W^2$.

A l'aide du procédé indiqué au n° 14, j'ai obtenu pour $\frac{1}{\varepsilon}$ la valeur $\frac{1}{\varepsilon}=18,56$.

Adoptant cette valeur, j'ai calculé par l'équation

$$U=W+\frac{\Pi i R^2}{8\varepsilon},$$

la valeur de W pour les 7 expériences de Couplet; portant les valeurs calculées dans l'équation

$$\alpha W + \beta W^3 = \frac{\Pi i R}{2},$$

j'ai eu 7 équations de condition pour déterminer α et β. Faisant alors usage des formules

$$\alpha = \frac{\Sigma \frac{W}{m} . \Sigma \frac{W^6}{m^2} - \Sigma \frac{W^3}{m} . \Sigma \frac{W^4}{m^2}}{\Sigma \frac{W^2}{m^2} . \Sigma \frac{W^6}{m^2} - \left(\Sigma \frac{W^4}{m^2} \right)^2},$$

et

$$\beta = \frac{\Sigma \frac{W^2}{m^2} . \Sigma \frac{W^3}{m} - \Sigma \frac{W}{m} . \Sigma \frac{W^4}{m^2}}{\Sigma \frac{W^2}{m^2} . \Sigma \frac{W^6}{m^2} - \left(\Sigma \frac{W^4}{m^2} \right)^2},$$

déduites de la méthode des moindres carrés, et dans lesquelles m représente $\frac{1}{2} \Pi i R$, j'ai obtenu :

$$\alpha = 0{,}0384859.... \quad \text{et} \quad \beta = 1{,}71872....$$

Voici le tableau comparatif des valeurs de U calculées et observées :

NUMÉROS.	VALEURS de $\frac{1}{2} \Pi i R$.	VALEURS de W.	VALEURS de $\frac{\Pi i R^2}{8 \varepsilon}$.	VALEURS de U calculées.	VALEURS de U observées.	ERREURS absolues.	ERREURS proportionnelles.
2.	0,002238.	0^m,051909.	0,000703.	0^m,052611.	0^m,054430.	— 0,001819	— 0,0334.
3.	0,004544.	0,087821.	0,001427.	0,089247.	0,085379	+ 0,003868.	+ 0,0433.
5.	0,006714.	0,111892.	0,002108.	0,114000.	0,111718	+ 0,002282.	+ 0,0204.
6.	0,008449.	0,127351.	0,002653.	0,130000.	0,130098.	— 0,000098	— 0,0007.
7.	0,009618	0,136460.	0,003020	0,139480.	0,141116.	— 0,001636.	— 0,0115.
8.	0,010019.	0,139422	0,003146.	0,142568.	0,144093.	— 0,001525.	— 0,0106.
13.	0,400214.	0,607850.	0,452361.	1,060211.	1,060030.	+ 0,000181.	+ 0,0002.

On voit que ces 7 expériences sont encore suffisamment bien représentées par les formules :

$$\alpha W + \beta W^3 = \frac{\Pi i R}{2}, \quad \text{et} \quad U = W + \frac{\Pi i R^2}{8\varepsilon}.$$

Mais il n'en est pas de même pour les 44 expériences de Bossut et de Dubuat.

Adoptant $\frac{1}{\varepsilon} = 18,36$, j'ai formé les 44 équations de condition pour déterminer α et β. J'ai obtenu les valeurs suivantes :

$$\Sigma \frac{W}{m} = 241,6488.$$

$$\Sigma \frac{W^2}{m^2} = 2497,545.$$

$$\Sigma \frac{W^3}{m} = 96,9209.$$

$$\Sigma \frac{W^4}{m^2} = 354,9153.$$

$$\Sigma \frac{W^6}{m^2} = 364,2900.$$

Par suite $\alpha = 0,0684193....$ et $\beta = 0,199396$.

Ces coefficients donnent une approximation généralement insuffisante, et, pour les expériences voisines des extrêmes, conduisent à des résultats qui s'éloignent notablement de la vérité.

On arrive à la même conclusion en employant la méthode graphique de M. de Prony, c'est-à-dire en construisant les points qui ont pour abscisses les valeurs de W^2, et pour ordonnées les valeurs correspondantes de $\frac{\Pi i R}{2W}$; on reconnaît, à la seule inspection de l'épure, que ces points ne peuvent être regardés comme appartenant à une même droite.

En somme, on satisfera donc mieux aux résultats de l'observation avec une fonction de la forme $\alpha W + \beta W^2$, qu'avec une expression telle que $\alpha W + \beta W^3$, c'est-à-dire une fonction impaire *bornée à ses deux premiers termes.*

DE L'IMPRIMERIE DE CRAPELET,
RUE DE VAUGIRARD, 9.

www.ingramcontent.com/pod-product-compliance
Ingram Content Group UK Ltd.
Pitfield, Milton Keynes, MK11 3LW, UK
UKHW022134260726
13993UKWH00003B/1432